Gedruckt mit Genehmigung der Hohen Naturwissenschaftlichen Fakultät der Albertus-Universität zu Königsberg (Pr).

Referent: Professor Dr. O. Koehler
Korreferent: Professor Dr. K. Mothes.

Tag der mündlichen Prüfung: 26. November 1937.

Zur Frage der Koordinaten des subjektiven Sehraumes der Biene

Von

Elsbeth Wiechert

Mit 5 Textabbildungen

Sonderabdruck aus
Zeitschrift für vergleichende Physiologie
25. Band, 4. Heft
Abgeschlossen am 4. Mai 1938

Springer-Verlag Berlin Heidelberg GmbH
1938

ISBN 978-3-662-31286-5   ISBN 978-3-662-31490-6 (eBook)
DOI 10.1007/978-3-662-31490-6

Die **Zeitschrift für vergleichende Physiologie**
steht offen Originalarbeiten aus dem Gesamtgebiet der allgemeinen Physiologie und der speziellen Tierphysiologie, soweit die Ergebnisse als Bausteine zu einer vergleichenden Physiologie gewertet werden können.

Die Zeitschrift erscheint zur Ermöglichung raschester Veröffentlichung in zwanglosen einzeln berechneten Heften; mit 40 bis 50 Bogen wird ein Band abgeschlossen.

Der Autor erhält einen Unkostenersatz von RM. 20.— für den 16seitigen Druckbogen, jedoch im Höchstfalle RM. 60.— für eine Arbeit.

Es wird ausdrücklich darauf aufmerksam gemacht, daß mit der Annahme des Manuskriptes und seiner Veröffentlichung durch den Verlag das ausschließliche Verlagsrecht für alle Sprachen und Länder an den Verlag übergeht, und zwar bis zum 31. Dezember desjenigen Kalenderjahres, das auf das Jahr des Erscheinens folgt. Hieraus ergibt sich, daß grundsätzlich nur Arbeiten angenommen werden können, die vorher weder im Inland noch im Ausland veröffentlicht worden sind, und die auch nachträglich nicht anderweitig zu veröffentlichen der Autor sich verpflichtet.

Bei Arbeiten aus Instituten, Kliniken usw. ist eine Erklärung des Direktors oder eines Abteilungsleiters beizufügen, daß er mit der Publikation der Arbeit aus dem Institut bzw. der Abteilung einverstanden ist und den Verfasser auf die Aufnahmebedingungen aufmerksam gemacht hat.

Die Mitarbeiter erhalten von ihrer Arbeit zusammen 40 Sonderdrucke unentgeltlich. Weitere 160 Exemplare werden, falls bei Rücksendung der 1. Korrektur bestellt, gegen eine angemessene Entschädigung geliefert. Darüber hinaus gewünschte Exemplare müssen zum Bogennettopreise berechnet werden. **Mit der Lieferung von Dissertationsexemplaren befaßt sich die Verlagsbuchhandlung grundsätzlich nicht;** sie stellt jedoch den Doktoranden den Satz zur Verfügung zwecks Anfertigung der Dissertationsexemplare durch die Druckerei.

Aufnahmebedingungen siehe 3. Umschlagseite.

Alle Manuskripte und Anfragen sind zu richten an
Professor Dr. K. v. Frisch, München 2 NW, Luisenstraße 14, Zoologisches Institut der Universität

oder an
Professor Dr. A. Kühn, Berlin-Dahlem, Boltzmannstr. 2, Kaiser Wilhelm-Institut für Biologie.

Die Herausgeber
v. Frisch   Kühn

Verlagsbuchhandlung Julius Springer in Berlin W 9, Linkstr. 22/24

---

25. Band   Inhaltsverzeichnis.   4. Heft

Seite

TONNER, FRIEDRICH, Halsreflexe und Bewegungssehen bei Arthropoden. Mit 16 Textabbildungen (19 Einzelbildern) 427

WIECHERT, ELSBETH, Zur Frage der Koordinaten des subjektiven Sehraumes der Biene. Mit 5 Textabbildungen 455

KALMUS, HANS, Tagesperiodisch verlaufende Vorgänge an der Stabheuschrecke (Dixippus morosus) und ihre experimentelle Beeinflussung. Mit 13 Textabbildungen 494

WHEDON, W. FOREST, The digestive system of Mytilus californianus Conrad. With 5 figures in the text 509

WHEDON, W. F. and HERMANN SOMMER, Respiratory exchange of Mytilus californianus 523

JONGBLOED, J., Zur Aerodynamik des Vogelfluges. Mit 8 Textabbildungen . . 529

WOLVEKAMP, H. P., Über den Sauerstofftransport durch Hämocyanin von Octopus vulgaris Lam. und Sepia officinalis L. Mit 4 Textabbildungen . . 541

SCHARNKE, HANS, Experimentelle Beiträge zur Kenntnis der Vogelatmung. Mit 8 Textabbildungen 548

HEIDERMANNS, C. und P. MÜNZEL, Eine elektrometrische Harnstoffbestimmungsmethode. Mit 1 Textabbildung 584

PETERS, FRANZ, Über die Regulation der Atembewegungen des Flußkrebses Astacus fluviatilis Fabricius. Mit 12 Textabbildungen 591

DIEBSCHLAG, EMIL, Ganzheitliches Verhalten und Lernen bei Echinodermen. Mit 8 Textabbildungen (21 Einzelbildern) 612

(Aus dem Zoologischen Institut der Albertus-Universität Königsberg i. Pr.)

ZUR FRAGE DER KOORDINATEN DES SUBJEKTIVEN SEHRAUMES DER BIENE[1].

Von

ELSBETH WIECHERT.

Mit 5 Textabbildungen.

(Eingegangen am 30. Dezember 1937.)

Inhaltsverzeichnis.
Seite

Schrifttum und Fragestellung 455
Eigene Versuche 457
Methode, Zahlenauswertung 457
A. Vertikalanordnung 459
   a) Farbpaar Blau-Gelb 460
     1. Dressur mit Flugloch und horizontaler Symmetrieachse 460
        Drehung der Achse 465
     2. Dressur ohne Flugloch 466
       α) Oben-Unten 466
       β) Rechts-Links 469
       γ) Rechts-Links gegen Oben-Unten 471
   b) Graupaar Hell-Dunkel 473
     1. α) Dressur mit Flugloch und horizontaler Symmetrieachse . . . 473
       β) Schwarzer Balken durchs Flugloch horizontal +, vertikal — 477
     2. Dressur ohne Flugloch 478
B. Horizontalanordnung 481
   Farbpaar Blau-Gelb 483
     α) Rechts-Links zur Anflugsrichtung 483
     β) Vorn-Hinten zur Anflugsrichtung 485
     γ) Änderung der Anflugsrichtung 487
Schluß 491
Zusammenfassung 491
Schrifttum 492

Schrifttum und Fragestellung.

In früheren Bienenarbeiten über Formensehen, Farbensehen, Sehschärfe u. a. sind vor allem zwei verschiedene Dressuranordnungen angewandt worden: einmal die senkrechte, wobei die Bienen auf Kästchen mit einem Flugloch in der senkrechten Vorderwand dressiert wurden, um welches die Dressurmarken angebracht waren (v. FRISCH, BAUMGÄRTNER, FRIEDLÄNDER u. a.), zweitens die waagerechte, in der das Futter offen in Schälchen neben der Dressurmarke auf der Tischfläche geboten wurde (v. FRISCH, HERTZ).

---

[1] Dissertation der Naturwissenschaftlichen Fakultät der Albertus-Universität Königsberg i. Pr. (D 10).

Während bei einfachen Farbdressuren in waagerechter und senkrechter Dressuranordnung die Ergebnisse gut übereinstimmten, ergaben sich Unterschiede bei Formendressuren oder solchen auf formgleiche Zusammenstellungen von Farbpaaren.

BAUMGÄRTNER schloß aus seinen eigenen und v. FRISCHs Kästchenversuchen mit allerdings nur wenigen Dressurformen, die Bienen könnten sich nicht bestimmte Formen merken, sondern beachteten nur denjenigen „Ausschnitt" der Farbkombination, der von einem kleinen Kreis um den Anflugspunkt, d. h. den Mittelpunkt des unteren Fluglochrandes, begrenzt wird.

M. HERTZ dagegen konnte in waagerechter Anordnung die Bienen gut auf eine von zwei verschiedenen geometrischen Formen dressieren. Dabei konnte sie nachweisen, daß die Bienen eine Figur als „Ganzes" wahrnehmen und „gegliederte" von „geschlossenen" Formen unterscheiden, wogegen sie die gegliederten bzw. geschlossenen Formen unter sich verwechseln.

Als v. FRISCH den Bienen an zwei Kästchen zwei zum Flugloch spiegelbildlich gleiche Farbkombinationen darbot (links vom Flugloch gelb, rechts von ihm blau gegen links blau, rechts gelb), lösten sie die Aufgabe bald. HERTZ dagegen hatte mit den gleichen Farbpaaren auf der Tischplatte keinen Erfolg. Sie erklärt diese Unterschiede mit dem Vorhandensein bzw. Fehlen des Fluglochs als „Fixationspunkt". Sie glaubt, der Gegensatz zwischen beiden Anordnungen bestehe darin, daß bei vertikaler Anordnung „Lagedaten" vorhanden seien, die bei horizontaler als Orientierungsmittel keine Rolle spielen.

M. FRIEDLÄNDER konnte nun zeigen, daß auch bei senkrechter Dressuranordnung das Flugloch kein starrer Fixationspunkt im Sinne der Assoziationstheorie ist. So werden Kreuz und Quadrat am Kästchen, also auch in vertikaler Anordnung, in jeder beliebigen Lage zum Flugloch, d. h. fluglochunabhängig voneinander unterschieden.

Bei den oben beschriebenen Dressuren auf das Rechts-Linksverhältnis eines Farb- oder Formenpaares aber kommt, FRIEDLÄNDERs Ergebnissen zufolge, dem Flugloch doch eine gewisse Bedeutung zu: die Verschiebung der Farbpaare in der Vertikalachse des Fluglochs ließ den bei zentraler Fluglochlage erzielten Dressurerfolg zwar bestehen; wurden aber die Farbpaare rechts oder links *neben* das Flugloch gesetzt, so ergaben sich in gewissen Fällen Störungen.

Ein absoluter Fixpunkt ist das Flugloch nach FRIEDLÄNDER sicher nicht; bei den besprochenen Rechts-Linksdressuren spielt vielmehr die relative Lage der Einzelfarben zur Symmetrieachse (vertikal durchs Flugloch) ihre Rolle (l. c. S. 257). Man kann nach M. FRIEDLÄNDER von „relativen Lokalzeichen" sprechen.

Es gelang FRIEDLÄNDER, in manchen Fällen auch diese Beziehung rechts-links dressierter Bienen zur Vertikalachse des Fluglochs zu lösen, so daß nur die Beziehung auf eine Vertikalachse von unbestimmter Lage im „subjektiven Sehraum" v. Uexkülls denkbar bliebe.

So erhob sich sogleich die weitere Frage, ob und wieweit ebenso wie die Rechts-Linksdressur auch eine Oben-Untendressur auf die gleichen Farb- und Formenpaare, zwar unabhängig vom Flugloch selbst, abhängig diesmal aber von der horizontalen Fluglochachse als der Symmetrieachse der Dressurmerkmalspaare ist. Dann müßte die Horizontalverschiebung (Flugloch seitlich vom Farbpaar) möglich sein, die Vertikalverschiebung aber nicht. Und sollte sich auch in diesem Falle wenigstens für einige Merkmalspaare völlige Fluglochunabhängigkeit ergeben, so wäre damit auch das Vermögen der Biene nachgewiesen, sich auf eine Horizontalachse des subjektiven optischen Raumes zu beziehen, mit anderen Worten, ihrem Sehraum kämen dieselben Raumkoordinaten zu wie dem des Menschen.

Endlich bliebe zur Bestätigung dieser Deutung eine fluglochlose Vertikalanordnung zu prüfen, in der dann die Rechts-Links- und auch die Oben-Untendressur gelingen müßte.

Vor einer endgültigen Erörterung aber müßte noch nachgewiesen werden, ob in der waagerechten Anordnung nicht doch irgendwelche Erfolge erzielbar seien. Wollte man Hertz' negative Ergebnisse verallgemeinern und den Bienen die Fähigkeit rundweg absprechen, sich in der waagerechten Ebene Feldkoordinaten zu bilden, so müßte man damit auf jede optische Erklärung ihres bekannten und experimentell genugsam belegten Vermögens, von jedem beliebigen Ort ihres gesamten Flugfeldes auf kürzestem Wege heimzukehren (v. Frisch), verzichten. Daß sie sich dabei, wenn vielleicht auch nicht ausschließlich, so doch in erheblichem Ausmaß, nach Sehdingen richten, wurde mehrfach nachgewiesen (Wolf). Es wäre biologisch schwer verständlich, daß Rechts und Links, Vorwärts und Rückwärts in der überflogenen Ebene keinen Sinn für sie haben sollten.

Meinem verehrten Lehrer, Herrn Prof. Dr. O. Koehler, schulde ich herzlichen Dank für die Überlassung des Themas, sowie für sein reges Interesse am Fortgange der Arbeit.

Eigene Versuche.
Methode, Zahlenauswertung.

Wie M. Friedländer, dressierte ich auf ein Farbpaar als Positivreiz und sein Spiegelbild als Negativreiz und stellte in eingeschobenen kritischen Versuchen fest, wieweit die Markenpaare abgewandelt werden durften, um von den Bienen noch unterschieden zu werden.

Zum Versuch nach gelungener Dressur wurden die Dressurkästchen durch zwei leere, bisher unbenutzte ersetzt; sie konnten mehrfach abwechselnd als +- und als — Kästen benutzt werden. Nie aber kamen Kästen in Versuch, in denen dressiert worden war. Die Dressurkästen wurden weggebracht und die Bienen durch Abblasen vom Futtergefäß „in den Versuch geschickt". Gezählt wurde jede markierte (s. u.) Biene, die sich am Flugloch oder in seiner nächsten Umgebung niederließ.

Bei Dressurbeginn markierte ich eine Schar mit gleicher Farbe; bei späteren Markierungen mit jeweils neuer Farbe wartete ich mit weiteren Versuchen, bis auch die neudressierte Schar in Kontrollversuchen vollen Dressurerfolg zeigte.

Tabelle a. Versuchsanordnung 1; Juli 1933.

Dressur: ▨ ▨   Versuch: ▨ ▨ Blau
  +   −   +   − Gelb

Nr.	Dressur-dauer	Tag	Stunde	Versuchs-dauer in Min.	Zahl der Anflüge	+	−	m	− : +	$\frac{\text{Diff}}{m}$
1	1. $3^1/_2$	6.	12^{01}—12^{04}	3	26	16	10	2,5	1 : 1,6	1
2	1. $4^1/_4$	6.	12^{40}—12^{42}	$1^1/_2$	33	24	9	2,7	1 : 2,7	2
3	2. 3	7.	11^{30}—11^{35}	5	14	12	2	1,3	1 : 6	3
4	6. $2^1/_2$	11.	12^{00}—12^{03}	3	38	30	8	2,5	1 : 3,8	4
5	8. $5^1/_4$	13.	13^{01}—13^{05}	4	45	37	8	2,6	1 : 4,6	5
6	9. $3^1/_4$	14.	11^{00}—11^{02}	$1^1/_2$	34	30	4	1,9	1 : 7,5	6
7	10. $1^1/_2$	15.	9^{20}—9^{22}	$1^3/_4$	53	47	6	2,3	1 : 7,8	8
8	10. $2^1/_4$	15.	12^{45}—12^{47}	2	25	22	3	1,6	1 : 6,7	6
9	11. $5^1/_2$	17.	13^{01}—13^{03}	$1^3/_4$	42	32	10	2,8	1 : 3,2	4
10	12. $4^1/_4$	18.	11^{40}—11^{44}	$3^1/_2$	74	60	14	3,4	1 : 4,3	6
11	13. $1^1/_2$	19.	12^{20}—12^{22}	$1^1/_2$	48	44	4	1,9	1 : 11	10
12	14. $1^3/_4$	20.	9^{30}—9^{32}	2	70	57	13	3,3	1 : 4,4	6
				$30^1/_2$	502	411	91	8,7	1 : 4,5	18,5

$D = 16,5$ $M \frac{\text{Diff}}{m} = 2,8$

Jede Versuchsreihe wurde zusammengefaßt wie in Tabelle a, die als Beispiel für insgesamt 154 ihrer Art wiedergegeben sei. Es handelt sich um die einfache Ausgangsdressur, ohne kritische Versuche („Dressur" = „Versuch"). In Säule 2 ist in Tagen und Stunden angegeben, wieviel Dressurzeit die Bienen vor Versuchsbeginn insgesamt hinter sich hatten; z. B. bedeutet die Angabe in Zeile 1, daß ein voller Dressur*tag* vorangegangen war; am nächsten Tage war noch $3^1/_2$ *Stunden* weiter dressiert worden. Säule 3 gibt das Datum des Versuchstages, Säule 4 die Tageszeit des Versuchs an. Es folgen Versuchsdauer, Zahl der Anflüge auf beide Marken, der Anflüge auf die Positiv- (+) und der auf die Negativmarke (−), $m = \pm \sqrt{\frac{p_1 \cdot p_2}{n}}$, in Zeile 1 also $\pm \sqrt{\frac{16 \cdot 10}{26}}$, das Verhältnis der Besuche der Negativmarken zu denen der Positivmarken, endlich $\frac{\text{Diff}}{m}$. Unter Differenz verstehe ich den Unterschied zwischen dem beobachteten Besuch der Positivmarke und einem Besuch nach dem Zufallsverhältnis 1 : 1, also in Nr. 1 = $16 - \frac{16 + 10}{2} = 16 - 13$, $\frac{\text{Diff}}{m} = \frac{3}{2,48}$, also etwas mehr als 1. Die Wahrscheinlichkeit einer wirklichen Bevorzugung des Positivmerkmals beträgt also, wenn $\frac{\text{Diff}}{m} = 1$, etwa 66 %, für 2 bereits 96 %, für 3 und mehr ist sie praktisch 100 %ig. Man sieht, wie von Zeile zu Zeile die Dressur sicherer wird, von der dritten an sind sämtliche Bevorzugungen des Positivkastens statistisch sicher. Die unterste Zeile faßt die ganze Versuchsreihe zusammen. Weiterhin sind, mit Ausnahme der Berichte über Spontanversuche (Tabelle a—c), allein diese Zusammenfassungen im Druck in Tabellenform wiedergegeben worden. Die 154 Einzeltabellen werden im Zoologischen Institut für Interessenten verfügbar gehalten. Bei der Berechnung des mittleren Wertes von $\frac{\text{Diff.}}{m}$ für die ganze Versuchsreihe wurden in den mit Nummern bezeichneten Tabellen (1—13) alle Einzelwerte ganzzahlig (1, 2 oder 3) in Rechnung gesetzt und höhere Werte als 3 durch 3 ersetzt, denn eine größere Wahrscheinlichkeit als 100%, wie sie die 3 ausdrückt, ist nicht möglich. Diese so abgerundeten Einzelwerte mittelte ich, so in Tabelle a zu $M \frac{\text{Diff.}}{m} = 2{,}8$. Dieses Verfahren ist der Errechnung eines Gesamtwertes $\frac{\text{Diff.}}{m}$ aus der Summenzeile der ganzen Versuchsreihe vorzuziehen. Denn es gewährt Auskunft über die *Stetigkeit* der Leistung und vermeidet Überwertung einzelner, besonders guter Sonderergebnisse. Die Unterstreichung ___/ bezeichnet die sicher bevorzugte der beiden Figuren; punktierte ___/ Unterstreichungen bedeuten schwankende bzw. im Durchschnitt nicht voll gesicherte Bevorzugungen.

Die Durchschnittsfrequenz D (die Gesamtzahl der Markenbesuche dividiert durch die Summe der Versuchsminuten) einer Tabelle, verglichen mit der entsprechenden Zahl in der Tabelle der Normalversuche, wäre ein guter Maßstab dafür, ob den Bienen die Wahl leicht oder schwer fällt, wenn der Gesamtbeflug der Versuchsanordnung in allen Versuchen der gleiche wäre. Da er jedoch je nach Wetter, zeitlichem Abstand von der letzten Markierung usw. in weiten Grenzen schwankt, so können nur große Unterschiede der D-Werte mit Vorsicht in dieser Weise gedeutet werden.

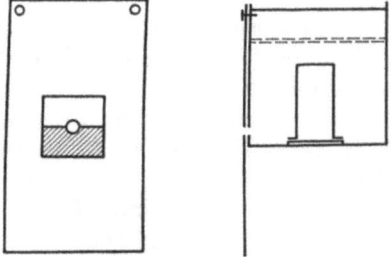

Abb. 1. Vorderansicht und seitliche Durchsicht des Futterkästchens mit Gefäß für spärliche Fütterung.

A. Vertikalanordnung.

Bei *vertikaler Anordnung* trugen würfelförmige Pappkästen nach v. FRISCHs Muster von 10 cm Kantenlänge auf der Vorderseite eine weiße Scheibe aus schwerem Zeichenkarton von 19 cm Höhe und 10 cm Breite. Sie wurde mit zwei weißen Reißnägeln befestigt. Die Bienen haben die Stifte nie beachtet. Da ich stets im Schatten arbeitete, warfen sich die Scheiben nicht. Die Farbmarken wurden aus HERINGS Farbpapieren geschnitten und mit Pelikanol aufgeklebt. Ein Farbpaar bildete ein Quadrat von 4 cm Seitenlänge. Das Flugloch hatte einen Durchmesser von 1,4 cm (Abb. 1).

Zur Dressur stand im Positivkästchen das von BAUMGÄRTNER angegebene Dauerfuttergefäß für spärliche Fütterung, das auch FRIEDLÄNDER benutzte. Das Negativkästchen war leer. Die Versuche verliefen während der Flugzeiten 1933 und 1934 im Garten des Zoologischen Instituts unter dem vorspringenden Dach des Walschuppens an der Nordfront des hohen Hauses im Schutze hoher Bäume (vgl. Abb. 4, V_1). Im Sommer 1934 richtete ich vor dem Erdkeller im gleichen Garten vor einem $2^1/_2$ m hohen, nach NW offenen Abhang einen zweiten Dressurplatz ein (Abb. 4, V_2), der am späten Nachmittag noch etwas Sonne erhielt.

Ich begann mit 2 Kästchen, deren Platz alle Viertelstunden gewechselt wurde (Anordnung 1); bald aber ging ich nach FRIEDLÄNDERS Vorbild (l. c. S. 221) zum automatischen Platzwechsel über (Anordnung 2): An einer vertikalen Drehscheibe (altes Vorderrad eines Fahrrades, Uhrwerk, eine volle Umdrehung etwa 7 Min.)

460　Elsbeth Wiechert:

hingen die beiden Kästchen unterlastig, also stets senkrecht, mit Ösen an zwei waagerechten Eisenstäben (Abb. 2). Am zweiten Platz betrug bei Anwendung eines kleinen Synchronmotors die Umdrehungszeit $3^1/_2$ Min.

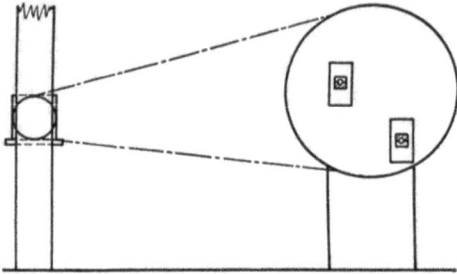

Abb. 2. Vertikale Dressuranordnung.

a) Farbpaar Blau-Gelb.

1. Dressur mit Flugloch und horizontaler Symmetrieachse.

Als Positivfigur diente ein Quadrat von 4 cm Seitenlänge mit zentralem Flugloch (Durchmesser 14 mm), geteilt in ein *gelbes* Rechteck *über* dem Flugloch und ein *blaues unter* ihm, als Negativfigur formgleich Blau *über*, Gelb *unter* dem Flugloch. Das entspricht genau FRIEDLÄNDERs Reihe 24 (l. c. S. 222), nur liegt die Farbgrenze waagerecht statt senkrecht; statt auf Rechts-Links wird auf Oben-Unten dressiert.

Die Dressur gelang schon am zweiten Tage, und war am dritten Tage vollständig (Tabelle a und Tabelle 1, Zeile 1 in Anordnung 1, Zeile 2 in Anordnung 2).

Nun wurden *bei dauernd weitergehender Dressur auf die Ausgangsfarbpaare kritische Versuche* eingeschaltet, bei denen die beiden *Merkmalspaare in abgewandelter Form* geboten wurden. Zunächst verschob ich die beiden Farbpaarquadrate *in* der waagerechten Farbgrenzlinie („Symmetrieachse" der spiegelbildlich gleichen Plus- und Minusfigur), so daß das Flugloch einmal (Tabelle 1, Zeile 3, fortan abgekürzt zu : 1,3) links, einmal (1,4) rechts vom Quadrat in Höhe der Farbgrenze lag.

Es ergab sich kein Unterschied zu den ersten Versuchen, selbst die Anflugzahl je Versuch (D) blieb im wesentlichen unverändert. Eine *Verschiebung der Oben-Untenfarbpaare nach rechts oder links in der Symmetrieachse beeinflußt die Wahl der richtigen Marke also ebensowenig, wie es bei* FRIEDLÄNDER *die Vertikalverschiebung der Rechts-Linksfarbpaare in ihrer senkrechten Symmetrieachse tat* (l. c. S. 231).

Nicht in jedem Falle ertragen wurde aber bei FRIEDLÄNDER die Verschiebung der gleichen Rechts-Linksmerkmalspaare nach rechts oder links vom Flugloch: Linksverschiebung der spiegelbildlich symmetrischen Formpaare (l. c. Tabelle 19) gab ein unentschiedenes Verhalten (9mal +, 6mal unentschieden, 3mal —), die Rechtsverschiebung unterblieb. Die gleiche Linksverschiebung des Farbpaares Blau-Gelb (l. c. Tabelle 26) dagegen wurde glatt ertragen, während bei Rechtsverschiebung (l. c. Tabelle 27) Negativwahl erfolgte. Diese und alle weiteren einschlägigen Versuche deutete FRIEDLÄNDER so: Fluglochnähe reizt mehr als Fluglochferne, Gelb mehr als Blau; so kann fluglochnahes Gelb selbst bei falscher Seitenlage gewählt werden.

Zur Frage der Koordinaten des subjektiven Sehraumes der Biene. 461

Tabelle 1.

Dressur: Gelb/Blau + Blau/Gelb − 1933.

Nr.	Versuch	Datum	Zahl der Versuche	Dauer in Min.	Σ Anfl.	+	m	Diff./m	M Diff./m	D
1		6. 7. bis 20. 7.	12	30½	502	411	8,7	1 bis 3	2,8	16,5
2		25. 7. bis 15. 8.	8	30	384	322	7,2	3	3	12,8
3		21. 8.	4	17	258	227	5,2	3	3	16,6
4		21. 8.	4	19	190	172	4,0	3	3	10
5		2. 8. bis 10. 8.	9	45	657	231	12,5	0 bis −3	−1,7	14,4
6		2. 8. bis 17. 8.	18	92	1226	586	17,5	−3 bis +3	−0,6	13,3
7		16. 8. bis 19. 8.	6	30	344	270	7,6	3	3	11,5
8		16. 8. bis 19. 8.	8	44	411	277	9,5	0 bis 3	1,9	9,3
9		7. 8. bis 15. 8.	11	61	456	309	9,97	1 bis 3	2,1	7,8
10		7. 8. bis 12. 8.	6	31	208	164	5,9	2 bis 3	2,8	6,7
11		28. 8.	4	18	109	102	2,4	3	3	6,1
12		28. 8. bis 29. 8.	4	14	175	173	4,5	3	3	12,5
13		28. 8.	4	16	204	188	3,8	3	3	11,3
14		30. 8. bis 9. 9.	5	23	213	167	6	2 bis 3	2,8	9,3
15		29. 8. bis 30. 8.	4	14	153	142	3,2	3	3	10,9
16		29. 8. bis 18. 9.	9	46	471	255	10,8	−2 bis +3	0,2	10,2
17		29. 8. bis 30. 8.	4	20	125	80	5,4	0 bis 3	1,5	6,25

30*

Diesen Versuchen entspricht in meinem Falle die Vertikalverschiebung des Oben-Untenpaares. Verschob ich die Quadrate unter das Flugloch (1, 5), so wählten die Bienen die *Negativfigur* (wie bei FRIEDLÄNDERs Rechtsverschiebung, Tabelle 27). Bei Teilbeachtung allein der fluglochnahen Hälften wäre das zu erwarten: Gelb unter dem Flugloch (Positivkästchen des *Versuchs*) entspricht ja dem Negativkästchen der *Dressur*. Blau unter dem Flugloch (Negativkasten des *Versuchs*) entspricht dem Positivkasten der *Dressur*. Von einer Bevorzugung fluglochnahen Gelbs auch bei falscher Seitenlage aber kann nicht gesprochen werden.

Nach Aufwärtsverschiebung über das Flugloch (1, 6) wurde 5mal die Positivfigur bevorzugt, 6mal keine von beiden, 7mal die negative. Insgesamt könnte man wiederum eher von negativer als von positiver Wahl sprechen, doch ist der Durchschnittswert aller Versuche $\left(\text{M}\frac{\text{Diff.}}{m} = -0{,}44\right)$ statistisch unsicher. Bei Annahme von Teilbeachtung allein der fluglochnahen Farben wäre die Erklärung der Negativwahlen die alte: Blau über dem Flugloch, im Versuch negativ bewertet, ist ein Teil der Dressurnegativfigur, Gelb über dem Flugloch, im Versuch schwach bevorzugt, ist ein Teil der Dressurpositivfigur. Die an Anzahl etwas selteneren Positivwahlen dagegen lassen sich nicht als teilinhaltliche Beachtung der fluglochnahen Quadrathälften verstehen, es sei denn, man wollte eine Blaubevorzugung auch bei falscher Lage zum Flugloch annehmen, so wie FRIEDLÄNDER es für Gelb tat. Eine solche Annahme würde aber FRIEDLÄNDERs, RAUSCHMAYERs und anderen Erfahrungen widersprechen. Weniger gezwungen erscheint die Deutung der Positivwahlen als Beachtung des ganzen Quadrats unabhängig vom Flugloch als Bezugspunkt. Die Unsicherheit, d. h. das Schwanken der Wahl von Versuch zu Versuch — die Frequenz sank in den Versuchsreihen 5, 6 nicht, im Gegensatz zu FRIEDLÄNDERs Rechts-Linksverschiebungen — wäre auf den Widerstreit der beiden Wahlweisen zurückzuführen, die auch nach FRIEDLÄNDERs Ansicht beide nebeneinander in Frage kommen.

Abermals nach FRIEDLÄNDERs Vorbild dienten zur Entscheidung der Frage Teil- gegen Ganzwahl Versuche mit halben Merkmalspaaren, d. h. mit nur je einem Partner der Dressurfarbpaare. Bot ich (1, 7) allein die beiden unteren Hälften der Dressurfarbpaare, so wurden sie im Dressursinn ausnahmslos aufs beste unterschieden. Auch die Frequenz ist kaum gesunken. Die oberen Figurenhälften, allein dargeboten (1, 8), veranlaßten die Bienen 4mal sehr gut, 2mal einigermaßen zur Positivwahl im Dressursinn; nur 2 von 8 Versuchen verliefen unentschieden. Die Frequenz ist merklich gesunken. Demnach kann der Teil unter dem Flugloch vorzüglich, über ihm deutlich genug das Ganze ersetzen. Das beweist natürlich die Annahme rein teilinhaltlicher Beachtung der fluglochnahen Quadrathälften bei Darbietung der Vollfiguren nicht, wohl aber die Möglichkeit einer solchen Deutung.

Um alle Ergebnisse auf reine Teilwahl zurückzuführen, war die zusätzliche Annahme einer Blaubevorzugung — auch bei falscher Lage zum Flugloch — erforderlich. Tatsächlich ergaben Spontanversuche 1934 eine starke Bevorzugung von Blau gegen Gelb (Tabelle b); 1933 wurden leider keine Spontanversuche gemacht, und was in beiden Jahren an Selbstdressuren an Blumenfarben gerade vorangegangen sein mag, ist unbekannt. Verallgemeinert darf dieses Versuchsergebnis sicher nicht werden (vgl. FRIEDLÄNDER, RAUSCHMAYER). So möchte ich die Blaubevorzugung und rein teilinhaltliche Wahlen mindestens für 1933 nicht behaupten, vor allem deshalb nicht, weil in der Reihe 8 das Blau in keinem einzigen Falle wirklich bevorzugt wurde.

Tabelle b. Spontanversuche Blau-Gelb.

Nr.	Datum	Versuchsdauer in Min.	Zahl der Anflüge	Blau	Gelb	m	Verhältnis Gelb : Blau	$\frac{\text{Diff.}}{m}$
1	4. 5. 34	4	34	31	3	1,7	1 : 10,3	8
2	8. 5. 34	4	36	36	0	0	0 : 36	∞
3	21. 6. 34	6	12	10	2	1,3	1 : 5	3
4	21. 6. 34	6	10	6	4	1,6	1 : 1,5	0
5	10. 9. 34	3	54	50	4	2,2	1 : 12,5	10
6	9. 10. 34	7	71	57	14	3,4	1 : 4,08	6
7	9. 10. 34	5	51	37	14	3,2	1 : 2,64	3
		35	268	227	41	5,7	1 : 5,54	16

$$D = 7{,}7, \quad M \frac{\text{Diff.}}{m} = 2{,}6.$$

Wurden als Restfiguren die beiden blauen (1, 9) bzw. die beiden gelben (1, 10) Hälften in fluglochrichtiger Lage geboten, so erfolgte beidemal ausnahmslos Wahl im Dressursinne, und zwar bei Gelb noch deutlicher als bei Blau; die Frequenz aber war in beiden Fällen stark gesunken. Die auch von FRIEDLÄNDER festgestellte Hemmung durch das Fehlen einer Quadrathälfte, beidemal bei fluglochrichtiger Darbietung der anderen, ist bei den gleichfarbigen Restfiguren größer als bei den verschiedenfarbigen.

Ist durch die vorigen Versuche zumindest das Mitsprechen teilinhaltlicher Beachtung allein der fluglochnahen Merkmalshälften dargetan, so soll umgekehrt die Auswärtsverschiebung der beiden Rechtecke um eine Rechteckbreite (1, 11) zeigen, ob in diesem Fluglochabstande liegende Marken überhaupt noch beachtet werden, was ja die Voraussetzung für die Annahme der Ganzwahlen ist. Sie ist erfüllt: die Bienen wählten stets die Positivfigur, allerdings bei stark gesunkener Frequenz.

Daraufhin wurde Fluglochnähe und -ferne gegen die Lage über oder unter dem Flugloch im Dressursinne ausgespielt. Sind die oberen Quadrathälften um Rechteckbreite über das Flugloch gehoben (12) bzw. die unteren unter das Flugloch gesenkt (13), so wählen die Bienen immer ideal richtig. Bei richtiger Lage zum Flugloch spielt also der Abstand von ihm auf- und abwärts in den untersuchten Grenzen keine Rolle.

In Reihe 14 sind, abermals bei im Dressursinne erhaltener Lage zum Flugloch, die beiden Blau fluglochnah, die Gelb fluglochfern, in 15 umgekehrt, die Gelb fluglochnah, die Blau fluglochfern. Wieder bleiben alle Wahlen ausnahmslos positiv im Dressursinne, bei fluglochnahem Gelb womöglich noch deutlicher als beim fluglochnahen Blau.

Werden endlich zwei zum Flugloch lagerichtig zerlegte Positivfiguren (1, 16) oder zwei Negativfiguren (1, 17) nebeneinander geboten, wobei jedesmal in einer der beiden Figuren das Gelb, in der anderen das Blau das Flugloch berührte, so ergab sich in 1, 16 Wahlgleichheit (6mal keine Entscheidung, 1mal schwach, 1mal klare Bevorzugung der links, 1mal Bevorzugung der rechts abgebildeten Figur): Fluglochnähe von Gelb (oben) und Blau (unten) halten sich offenbar im Durchschnitt die Waage. Bei 1, 17 wurde in 4 Versuchen 2mal dasjenige Minuskästchen bevorzugt, bei dem Blau (oben) ans Flugloch anstieß. Die Besuchshemmung war hier recht stark, obwohl viele Bienen vorspielten.

Zusammenfassend läßt sich gemäß Tabelle 1 folgendes aussagen: Dressur auf das Oben-Untenverhältnis bei zentralem Flugloch ist stets leicht und zuverlässig bei hoher Frequenz erzielbar. Querverschiebungen der Farbquadrate in Richtung der Farbgrenzlinie nach beiden Seiten beeinflussen die Wahl nicht (3, 4), Vertikalverschiebungen aber, senkrecht zur Grenzlinie, rufen eine Wahlumkehr hervor. Die unteren und die oberen Hälften der Dressurquadrate allein, in normaler Lage zum Flugloch geboten, werden richtig gewählt (7, 8). Auch die beiden Blau und die beiden Gelb, jedes für sich allein fluglochrichtig geboten, ergeben richtige Wahlen (9, 10). Gleiche Fluglochferne beider Farben bei erhaltener Dressurlage zum Flugloch gibt Normalwahl (11). Fluglochferne allein der oberen oder allein der unteren Hälften beeinträchtigt die Wahl gar nicht (12, 13). Auch Fluglochferne beider Gelb und beider Blau bei erhaltener Lagebeziehung im Dressursinne schadet der Wahl nichts (14, 15). Bei Darbietung zweier Positiv- oder zweier Negativmarken, die sich nur durch Fluglochnähe bzw. Ferne des Gelb bzw. Blau unterscheiden, bleibt eine Bevorzugung ganz aus oder sie ist unregelmäßig (16, 17).

Zufolge 7—10 ist mit der Möglichkeit teilinhaltlicher Beachtung einer der beiden Farben zu rechnen. So kann zur Erklärung des einen der beiden aus der Reihe fallenden Ergebnisse (5, Abwärtsverschiebung) teilinhaltliche Beachtung der fluglochnahen Hälfte angenommen werden: liegt das ganze Quadrat unter dem Flugloch, so entscheidet das fluglochnahe ,,Blau unter dem Flugloch'' des (als Ganzes betrachtet negativen) Quadrats im positiven Sinne der Dressur gemäß, das ,,Gelb unter dem Flugloch'' des als Ganzes positiven Quadrats im negativen Sinne gemäß der Dressur. Andererseits sind die Bienen sehr wohl imstande, Marken zu beachten, die um Rechteckbreite fluglochfern sind (11—17), und durch-

Zur Frage der Koordinaten des subjektiven Sehraumes der Biene. 465

gehende Aussagen über eine Bevorzugung von Unten gegenüber Oben (BAUMGÄRTNER), von Gelb vor Blau (RAUSCHMAYER, FRIEDLÄNDER) oder Fluglochnähe vor Fluglochferne sind nicht möglich. So liegt es nahe, das zweite abweichende Ergebnis (Aufwärtsverschiebung, 6), das als rein teilinhaltliche Beachtung nicht deutbar ist, in allen Fällen von Positivwahl als fluglochunabhängige Ganzwahl anzusprechen, während die ein wenig häufigeren Negativwahlen wieder teilinhaltlich deutbar sind („Gelb über dem Fluglloch" der ganzen Negativfigur gleich Teilmerkmal der Positivfigur der Dressur).

Auch FRIEDLÄNDER hatte Anlaß gehabt, teilinhaltliche Beachtung der fluglochnächsten Quadrathälften neben ganzheitlicher, fluglochunabhängiger Beachtung des Farbzueinanders anzunehmen. Soweit verglichen werden kann, dürfen wir sagen: was dort über die Merkbarkeit des Rechts-Linksverhältnisses festgestellt wurde, das gilt ceteris paribus ebenso auch für das Oben-Untenverhältnis. Auch für dieses ist bei Vertikalanordnung das Flugloch gewiß kein absoluter Bezugspunkt. Höchstens könnte es die Raumwaagerechte durchs Flugloch sein, so wie es für die Rechts-Linksdressur die Raumvertikale durchs Flugloch sein konnte. Daß dies aber nicht unter allen Umständen der Fall sein muß, das lehrt die Wahlunsicherheit, der schwankende Wahlcharakter bei der Verschiebung über das Flugloch.

Drehung der Achse.

Kritisch für unsere Frage nach dem Bestehen einer horizontalen Bezugsachse im subjektiven Sehraum der Biene mußten Drehungen der

Tabelle 2.

Dressur, 1934: Gelb/Blau + , Blau/Gelb −

Nr.	Versuch	Datum	Zahl der Versuche	Dauer in Min.	Σ Anfl.	+	m	$\frac{\text{Diff.}}{m}$	M $\frac{\text{Diff.}}{m}$	D
18		31. 8.	7	41	158	142	3,8	2 bis 3	2,9	3,9
19	30°	1. 9.	5	18	291	244	6,3	2 bis 3	2,8	16,1
20	45°	1. 9.	5	24	232	191	5,8	3	3	9,6
21	60°	1.bis2. 9.	4	18	169	129	5,5	2 bis 3	2,8	9,4
22	75°	2. 9.	5	29	316	218	8,2	2 bis 3	2,8	10,9
23	90°	2. 9.	5	30	107	50	5,2	0	0	3,6

Farbgrenze um das Flugloch als Mittelpunkt sein. Wir fragen, wie weit bei erhaltener Ausgangslage der Negativfigur die im positiven Quadrat waagerechte Farbgrenze gedreht werden darf, ohne daß sein Positivwert verlorengeht.

Nach erneuter Sicherung der Ausgangsdressur (2, 18) wurde im kritischen Versuch die Achse der Positivmarke um 30⁰ im Uhrzeigersinne gedreht (2, 19). Das Ergebnis ist schlagend positiv, die Frequenz ausgezeichnet. Auch Drehungen um 45⁰ (2, 20), 60⁰ (2, 21), ja 75⁰ (2, 22) werden ausnahmslos ertragen, wobei die Frequenz noch erstaunlich hoch bleibt. Alle Einzelbefunde sind nahezu ebensogut gesichert wie bei der Ausgangsdressur, die, wie stets zwischen den kritischen Versuchen, dauernd weiterlief. Erst bei einer Drehung um 90⁰ (2, 23) fällt jede Orientierungsmöglichkeit fort, wie zu erwarten. Auch bei 75⁰ Drehung schneidet die Raumwaagerechte unter dem Flugloch eine Spur mehr Blau bzw. weniger Gelb ab als über ihm stehen bleibt. Erst bei 90⁰ liegt beiderseits der Horizontalen gleich viel Blau wie Gelb. Die Frequenz sinkt auf ein Minimum. Daß sie bei der Eingangsdressur (2, 18) ebenso gering war, ist ein Ausnahmefall (schlechtes Wetter); bei den Zwischendressuren war sie weit höher.

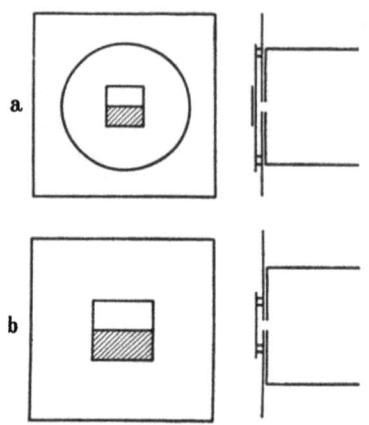

Abb. 3 a und b. Vertikalanordnung ohne Flugloch, links Vorder-, rechts Seitenansicht.

2. Dressur ohne Flugloch.

α) Oben-Unten.

Sprechen die Drehversuche noch stärker für die Vorbildung der waagerechten Bezugslinie im subjektiven Bienensehraum als schon die der ersten Versuchsreihe, so war eine volle Bestätigung der Annahme möglicher Fluglochunabhängigkeit des Oben-Untenverhältnisses von Versuchen ohne Flugloch zu erhoffen. Gelingen sie, so ist die Deutung des Unterschiedes der Ergebnisse bei vertikaler und waagerechter Anordnung durch den Fixpunkt „Flugloch" sicher zu eng.

Schon im Herbst 1933 hatte ich Versuche ohne Flugloch gemacht, die sich unmittelbar an die mit Flugloch anschlossen. Die Dressurmarken, gelbblaue Quadrate von 4 cm Seitenlänge, waren auf runde, weiße Scheiben von 14 cm Durchmesser geklebt (Abb. 3 a). Diese waren mittels kleiner, 1 cm hoher Klötzchen auf der fluglochdurchbohrten Verkleidung des Kästchens, einem weißen Karton von 20 cm Höhe und Breite, befestigt. Auf diese Weise war das Flugloch für die anfliegenden Bienen unsichtbar. Die Bienen erlernten den Umweg zum Flugloch (Anflug auf die Farbmarke, Marsch zum Scheibenrand, auf der Scheiben-

Zur Frage der Koordinaten des subjektiven Sehraumes der Biene. 467

Tabelle 3.

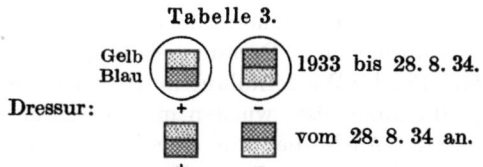

Dressur: Gelb/Blau 1933 bis 28. 8. 34. / vom 28. 8. 34 an.

Nr.	Versuch	Datum	Zahl der Versuche	Dauer in Min.	Σ Anfl.	+	m	Diff./m	M Diff./m	D
24		26. 9. bis 30. 9. 33	10	48	417	295	9,3	0 bis 3	2,7	8,7
25		28. 6. bis 19. 7. 34	14	80	504	284	11,1	—2 bis +3	0,5	6,3
26		25. 8. bis 28. 8. 34	12	71	438	199	10,4	—3 bis +1	—0,3	6,2
27		4. 9. bis 9. 9. 34	20	103	928	699	13,1	1 bis 3	2,7	9
28		5. 9. bis 7. 9.	9	49	421	227	10,2	0 bis 2	0,3	8,6
29		7. 9.	5	22	159	139	4,2	3	3	7,2
30		8. 9.	8	47	412	271	9,7	1 bis 3	1,9	8,8
31		8. 9.	5	29	260	151	8,0	0 bis 1	0,6	8,95
32		12. 9.	4	18	167	144	4,5	2 bis 3	2,8	9,3
33		13. 9. bis 14. 9.	6	30	88	45	4,7	—1 bis +3	0,3	2,9
34		13. 9.	4	21	123	55	5,5	0	0	5,9
35		10. 9. bis 11. 9.	6	35	222	87	7,3	+1 bis —3	—0,7	6,3
36		10. 9. bis 11. 9.	7	42	282	129	8,3	—3 bis +3	0	6,7
37		12. 9.	4	16	434	139	9,7	3	3	27
38		9. 9. bis 10. 9.	5	25	164	136	4,8	1 bis 3	2,6	6,6
39		10. 9.	4	18	194	169	4,7	3	3	10,8

rückseite oder über ein Klötzchen zur Kastenwand, auf dieser durchs Flugloch) sehr schnell. Diese Dressur gelang genau so gut wie die mit Flugloch (3, 24). Bei der Wiederholung im Hochsommer 1934 aber (3, 25) mißlang sie, ja die Ergebnisse wurden mit fortschreitender Dressur zusehends schlechter. Auch die nun eingeführte schnellere Umdrehung des Rades (eine Umdrehung in etwa 4 Min.) änderte nichts daran (3, 26). Dieser Verhaltensunterschied erklärt sich aus der Vorgeschichte: 1933 folgte die fluglochlose Dressur unmittelbar auf die Fluglochdressuren mit dem gleichen Farbpaar. Während also bei gleichbleibender Anflugsmarke Wegfall des Fluglochs und Einführung des Umwegs eine nur vorübergehende Störung hervorriefen, scheint ein Neulernen der Farbpaare, kombiniert mit der erstmalig erlebten fluglochlosen Anordnung zu schwer gewesen zu sein.

So schloß ich 1934 eine weitere fluglochlose Dressur, diesmal unter Weglassung der Kreisscheibe (das Farbquadrat selbst auf 4 Klötzchen über der alten weißen Vorderwand von 20 qcm, Abb. 3 b) unmittelbar an die letztbesprochene Gelb-Blaudressur mit Flugloch (2, 18—23) an. Jetzt lernten die Bienen die neue Aufgabe genau so gut wie Ende 1933; schon am zweiten Tage gelang die Dressur und hielt gut an (3, 27).

Bei den sogleich angeschlossenen fluglochlosen Drehversuchen zerstörte bereits eine *Rechts*drehung der Positivfigur um 30° den Dressurerfolg (3, 28). Die Drehung um 15° wurde anstandslos ertragen (3, 29), bei 20° Drehung (3, 30) ist die Verschlechterung schon merklich, bei 25° schon derart, daß $\frac{\text{Diff.}}{m}$ nie über 1 steigt, allerdings auch nie negativ wird (3, 31). Die Grenze der Erkennbarkeit des Positivmerkmals liegt also bei 25—30° Rechtsdrehung.

Bei *Links*drehung des fluglochlosen Dressurquadrats aber schadeten 30° noch nichts (3, 32), erst bei 45° liegt die Grenze des vollen Wahlvermögens (3, 33). 60° geben dasselbe Bild (34). Bei Drehung um 90° nach links (35) oder rechts (36) tritt eine schwache Bevorzugung der Negativfigur auf, wohl deshalb, weil sie immer noch bekannter ist als die gedrehte Figur. Dasselbe stellte FRIEDLÄNDER bei einer Drehung um 135° bei ihren Rechts-Linksversuchen fest. Die Durchschnittsfrequenzen geben bei diesen Versuchen kein klares Bild. Im allgemeinen kann man sagen, daß sie bei den starken Drehungen (45°, 60°, 90°) wesentlich tiefer liegen als in den anderen Versuchsreihen.

Ich hatte bemerkt, daß die Bienen mit Vorliebe die rechte untere Ecke der Dressurmarken anflogen. Als ich daraufhin im kritischen Versuch nur die Positivmarke zeigte und die Anflüge rechts und links von der Senkrechten zählte, setzten sich rechts gut doppelt so viel Bienen wie links auf dieselbe Marke (3, 37). Dürfen wir ferner aus der Bevorzugung der *unteren* Partie eine Blauvorliebe herauslesen, so wird der Unterschied der kritischen Winkel bei Rechts- und Linksdrehung verständlich. Bei Linksdrehung vergrößert sich am bevorzugten Anflugsort der Blaubereich, das darüberliegende Gelb nimmt an Umfang ab; bei Rechtsdrehung findet das Gegenteil statt. Daß es sich deswegen jedoch nicht um eine rein teilinhaltliche Beachtung der Anflugsseite handeln kann, daß vielmehr sowohl das Oben-Untenverhältnis zur Raumhorizontalen als auch die geringere Anziehungskraft der linken Seite mitsprechen, das lehren 3, 34—36. Nach Linksdrehung um 60° ist rechts noch viel mehr Blau, um 90° vollends (3, 36) ist rechts alles blau, und doch gibt es keine Bevorzugung der gedrehten Positivfigur, sondern eher Minuswahlen, und zwar ebensooft, wie wenn rechts alles gelb ist (Rechtsdrehung um 90°: 3, 35).

Abrundung des Positivquadrats (3, 38) oder beider Quadrate (39) zum Kreis ändert nichts am Dressurerfolg. Die Frequenzen sind durchweg hoch. Das Oben-Untenverhältnis des Farbpaares wird form*un*abhängig und flugloch*un*abhängig erkannt.

β) Rechts-Links.

Nachdem die Oben-Untendressur in der Vertikalfläche auch ohne Flugloch gelungen war, versuchte ich dasselbe für die Rechts-Linksdressur. Für sie hatte FRIEDLÄNDER in ihren Fluglochversuchen eine gewisse Abhängigkeit vom Flugloch, genauer von der durch das Flugloch gehenden Raumvertikalen wenigstens für das Farbpaar Gelb-Blau annehmen müssen, da die Seitenverschiebung nach rechts zur Negativwahl führte. Auch bei meinen Fluglochdressuren auf Oben-Unten hatte die Vertikalverschiebung Negativwahlen gezeitigt, die für Fluglochabhängigkeit zu sprechen schienen, und doch hatte das Gelingen der fluglochlosen Oben-Untendressur gezeigt, daß die Oben-Untenbeziehung auch ohne Fixpunkt in Gestalt des Fluglochs formunabhängig erfaßt werden kann.

Nach 3tägiger erfolgreicher Ausgangsdressur mit Flugloch (4, 40) konnte auf die zweite fluglochlose Anordnung (Abb. 3 b) umgestellt werden (4, 41). Dressiert wurde auf links blau, rechts gelb = positiv und links gelb, rechts blau = negativ. Die Frequenz ist, wohl wegen der herbstlichen Trachtarmut, ungeheuer groß.

Drehung des Positivquadrats rechts herum um 30°, 45°, ja 90° (blau oben, 4, 42—44) vermindert den Positivwert nicht, die auf etwa die Hälfte gesunkene Frequenz ist immer noch sehr hoch. Erst die Drehung um 135° macht die Wahl unmöglich.

Ebenso werden Linksdrehungen der Positivfigur bis zu 90° (4, 46—48, Blau unten) anstandslos ertragen. Erst die Drehung um 135° hebt wiederum die Erkennbarkeit auf (4, 49); der durchschnittliche Besuch ist auf $1/4$ des Ausgangswertes gesunken.

Wiederum erweist sich die Form (Außenbegrenzung des Zweifarbfeldes) als gleichgültig; bei kreisförmiger Positivmarke (50) gelingt die

Tabelle 4.

Dressur: ▦/▦ + / − ▦/▦ für Versuch 40
▦/▦ + / − ▦/▦ für die folgenden Versuche

1934.

Nr.	Versuch	Datum	Zahl der Versuche	Dauer in Min.	Σ Anfl.	+	m	$\dfrac{\text{Diff.}}{m}$	$M\dfrac{\text{Diff.}}{m}$	D
40	+ −	16. 9.	3	12	288	250	5,8	3	3	24
41	+ −	16. 9. bis 17. 9.	4	17	407	319	8,3	3	3	24
42	+− 30°	18. 9. bis 19. 9.	4	17	269	214	6,6	3	3	15,8
43	+− 45°	19. 9.	4	18	261	224	5,6	3	3	14,5
44	+− 90°	19. 9. bis 20. 9.	4	17	208	175	5,3	3	3	12,2
45	+− 135°	22. 9.	8	45	518	270	11,4	0 bis 1	0,1	11,5
46	+− 30°	20. 9.	4	16	242	220	4,5	3	3	15,1
47	+− 45°	20. 9.	4	16	152	127	4,6	3	3	9,6
48	+− 90°	20. 9. bis 21. 9.	3	13	128	113	3,6	3	3	9,8
49	+− 135°	21. 9.	5	26	156	76	6,3	0 bis −1	−0,2	6
50	+−	18. 9.	3	12	189	167	4,4	3	3	15,8
51	+−	17. 9. bis 18. 9.	5	22	573	420	10,6	1 bis 3	2,6	26
52	+−	22. 9. bis 23. 9.	4	17	256	204	6,4	3	3	15

Wahl genau so gut wie bei den quadratischen Dressurformen, und auch wenn beide Figuren als Kreise geboten werden (51), ist das Ergebnis eindeutig positiv, beidemal bei hohen bzw. sehr hohen Frequenzen.

Auch ein Auseinanderrücken der beiden Farben um die einfache Rechteckbreite (52) stört die Wahl ebensowenig wie bei den Oben-

Zur Frage der Koordinaten des subjektiven Sehraumes der Biene. 471

Untendressuren (vgl. 1, 11—17). Zweifellos werden die getrennten Farbpaare als Ganzes aufgefaßt.

γ) *Rechts-Links gegen Oben-Unten.*

Unerwartet war der Befund, daß nach Rechts-Linksdressur Drehungen der Farbgrenze um 90°, also um das Doppelte bis Dreifache des nach Oben-Untendressur Erträglichen die Wahlen nicht störten. Soll man daraus schließen, daß die Bindung an die Waagerechte des subjektiven Sehraumes der Biene ungleich fester sei als die an die Raumvertikale? Zur Klärung dieser Fragen wurden Dressuren auf den Positivkasten links Blau, rechts Gelb angeschlossen, dem als Negativkasten unten Blau, oben Gelb gegenüberstand. Was die Bienen im Versuch 48 wählten, das war jetzt Negativmerkmal, das Spiegelbild der Marke, die sie in 48 verschmähten, war positiv.

Tabelle 5.

Dressur: 1934.

Nr.	Versuch	Datum	Zahl der Versuche	Dauer in Min	Σ Anfl.	+	m	$\dfrac{\text{Diff.}}{m}$	$M\dfrac{\text{Diff.}}{m}$	D
53		25. 9.	4	18	174	140	8,0	3	3	9,7
54	30°	25. 9.	4	17	295	244	6,5	3	3	17,3
55	45°	25. 9. bis 26. 9.	8	42	383	233	9,6	0 bis 3	1,4	9,1
56	50°	26. 9. bis 27. 9.	6	31	333	166	9,2	—2 bis +2	—0,2	10,6
57	45°	27. 9.	5	23	373	271	8,6	2 bis 3	2,8	16,3
58	60°	28. 9.	8	46	280	183	8,0	0 bis 3	1,6	6,1
59	90°	27. 9.	4	20	182	92	6,8	0	0	9,1
60	135°	28. 9.	4	18	118	37	5,1	—3 bis 0	—1,8	6,6

Die Dressur gelingt in 3 Tagen sehr gut (5, 53). Linksdrehung immer allein der Positivfigur um 30° wird bei sehr großer Wahlfreudigkeit glatt ertragen (54); bei 45° aber (55) ist der Versuchsausfall schwankend,

472 Elsbeth Wiechert:

einmal überwiegen sogar die Negativwahlen schwach (16:21), bei 50⁰ Drehung werden beide Figuren miteinander verwechselt (56).

Rechtsdrehung dagegen wird bei 45⁰ stets (57), bei 60⁰ noch in der Mehrzahl der Versuche ertragen (58); erst bei 90⁰ (beide Farbgrenzen waagerecht, 59) hört das Wahlvermögen ganz auf und bei 135⁰ wird in 3 Versuchen deutlich, im vierten wahrscheinlich auch die Negativfigur bevorzugt (60). Die Wahlfreudigkeit ist gesunken.

Fassen wir zusammen (Tabelle 5): Eine Dressur auf Rechts-Links gegen Oben-Unten, verwirklicht durch das gleiche Farbpaar, ist möglich. Die Bienen können also auch im gleichen Reizpaar Rechts-Links von Oben-Unten unterscheiden, eine Feststellung, die, so selbstverständlich

Tabelle 6.

Dressur: 1934.

Nr.	Versuch	Datum	Zahl der Versuche	Dauer in Min.	Σ Anfl.	+	m	$\frac{\text{Diff.}}{m}$	$M\frac{\text{Diff.}}{m}$	D
61		2. 10.	5	19	518	409	9,3	3	3	27,2
62	30⁰	2. 10. bis 3. 10.	6	25	710	505	12,1	1 bis 3	2,5	28,4
63	45⁰	3. 10.	4	17	268	204	7,0	2 bis 3	2,8	15,8
64	50⁰	3. 10.	2	9	150	113	5,3	3	3	16,7
65	60⁰	3. 10. bis 4. 10.	4	17	230	118	7,5	0	0	13,5
66	45⁰	4. 10.	5	23	408	299	8,5	3	3	17,8
67	60⁰	5. 10. bis 6. 10.	6	28	456	269	10,5	—1 bis +3	1	16,4
68	90⁰	4. 10. bis 5. 10.	7	36	705	400	13,2	0 bis 2	1	19,6
69	135⁰	5. 10. bis 6. 10.	4	19	195	92	7,0	0 bis —1	—0,4	10,3
70		16. 10. bis 24. 10.	9	49	175	144	5,1	2 bis 3	2,7	3,6
71		23. 10.	4	20	281	233	6,8	3	3	14

sie scheint, angesichts der unerwarteten Ergebnisse (44, 48) doch erforderlich war.

Die Grenze der für das Erkennen kritischen Drehung liegt beiderseits bei 90° oder darunter (links 45°). Was nach Rechts-Linksdressur in Marke und Gegenmarke noch möglich war, ist hier nach Rechts-Linksdressur gegen Oben-Unten nicht mehr möglich. Bei 135° Drehung schlägt die Wahl um (60).

Auch der Gegenversuch mit zwei den Bienen ebenfalls noch unbekannten Marken wurde angesetzt: positiv war Blau oben, Gelb unten; negativ war Blau rechts, Gelb links. Diese Dressur gelang ebenfalls einwandfrei nach 3 Tagen bei unerhört großer Besuchsfreudigkeit (6, 61). Rechtsdrehung der Positivfigur wird um 30° (62), um 45° (63) bis 50° (64), wenn auch bei gesunkener Besuchszahl, ertragen; erst bei 60° hören die Wahlen auf (65).

Für Linksdrehung dagegen sind die Bienen wieder duldsamer: 45° (66) werden noch gut ertragen, bei 60° (67) schwanken die Wahlen (eine vielleicht negative), aber auch bei 90° (68) gibt es 3 wahrscheinlich, 2 wohl sicher positive Wahlen und keine negative; ein völliges Versagen tritt erst bei 135° ein (69). $\frac{\text{Diff.}}{m}$ ist hier 3mal 0, 1mal -1. Die Frequenz ist stark gesunken.

Um zu entscheiden, ob den Bienen vielleicht, anstatt der vermuteten Raumkoordinaten, vielmehr die raumwaagerecht-senkrechte quadratische Begrenzung des weißen Umfeldes der Dressurmarken den entscheidenden Anhaltspunkt gewährte, bot ich ihnen im Versuch 70 *runde* weiße Umfelder mit sehr positivem Erfolg; als dazu auch die Farbquadrate durch Kreise ersetzt wurden (71), schien sich sogar die Wahlsicherheit und -freudigkeit zu verbessern. Der Einwand ist also nicht stichhaltig.

Zusammenfassung (Tabelle 6): Grundsätzlich ist das Verhältnis in Versuch (53—60) und Gegenversuch (61—71) das gleiche. Für die Unterschiede in der Größe der erträglichen Drehwinkel, die beide Male in beiden Drehrichtungen nicht ganz übereinstimmen, kann ich eine Erklärung nicht geben.

Sicher können die Bienen die Rechts-Linksbeziehung zweier Farben von der Oben-Untenbeziehung derselben Farben unterscheiden, und zwar offenbar *vermöge der ihrem subjektiven Sehraum eigentümlichen Raumkoordinaten,* und zwar auch dann, wenn die Umfelder ihnen keine Anhaltspunkte über die Raumlage der dazu noch ständig ortswechselnden (vertikal rotierenden) Kästchen geben.

b) Graupaar Hell-Dunkel.

1. *a)* Dressur mit Flugloch und horizontaler Symmetrieachse.

Die beschriebenen Versuche und Gegenversuche mit dem bisher verwandten Farbpaar Blau-Gelb hatten, wie besprochen, gelegentlich asymmetrische Ergebnisse, wie z. B. die verschiedene Größe der kritischen Drehwinkel bei Rechts- und Linksdrehung. Noch stärkere Asymmetrien und Umschläge fand M. FRIEDLÄNDER, die sich sogar zur Annahme einer gewissen Gelbvorliebe genötigt sah, dergestalt daß fluglochnahes Gelb auch bei fluglochseitenfalscher Lage gewählt wurde. Ihre Ergebnisse mit Schwarz-Weißfiguren stimmen mit denen ihrer Gelb-Blauversuche (beide nur im Rechts-Linksverhältnis) nicht immer überein. Darum habe ich die besprochenen Versuchsreihen mit dem Merkmalspaar Schwarz-Weiß bzw. Schwarz-Grau wiederholt, und zwar in der Oben-Untenanordnung. Spontan zogen die Bienen das Grau dem Schwarz vor (Tabelle c).

Tabelle c. Spontanversuche Grau-Schwarz.

Nr.	Datum	Versuchs-dauer in Min.	Zahl der Anflüge	Grau	Schwarz	m	Verhältnis Schwarz : Grau	$\frac{\text{Diff.}}{m}$
1	9. 10. 34	4	39	38	1	0,98	1 : 38	18
2	9. 10. 34	4	20	20	0	0	0 : 20	∞
3	9. 10. 34	3	27	27	0	0	0 : 27	∞
4	10. 10. 34	4	85	69	16	3,6	1 : 4,3	7
		15	171	154	17	3,9	1 : 9,05	17

$$D = 11{,}4, \quad M\frac{\text{Diff.}}{m} = 3.$$

Die Ausgangsdressur mit zentralem Flugloch auf oben Weiß, unten Schwarz gegen das Spiegelbild gelang schon am ersten Tage (Tabelle 7, 72). Dann wurde das Weiß durch HERINGs Grau Nr. 5 ersetzt und weiterhin diese Kombination dauernd beibehalten; vom 11.—25. 5. ruhte die Dressur und gelang darauf ebensogut von neuem (73).

Die Verschiebungen der Quadrate unter (74) und über das Flugloch (75) führten beide zu Negativwahlen, wie bei dem Farbpaar auch (5, 6). Nach einer weiteren Unterbrechung zugunsten anderer Versuche gelang die Neudressur in 3 Tagen in alter Güte (76).

Die nun fluglochrichtig gebotenen unteren (77) und oberen Hälften (78) der Dressurfiguren werden erkannt. Bei ebenfalls fluglochrichtiger Darbietung der beiden Graufelder (79) fielen alle 10 Versuche positiv aus, wenn man alle Zahlen wörtlich nimmt, aber nur zwei Ergebnisse sind statistisch voll gesichert. Ausgezeichnet positiv ist andererseits das Ergebnis bei fluglochrichtiger Darbietung allein der Schwarzfelder (80). Da Helligkeitsverhältnisse für die Biene transponierbar sind (HÖRMANN, HERTZ, BIERENS DE HAAN u. a.), liegt folgende Erklärung nahe: In 80 vertritt das Weiß des Untergrundes fluglochseitenrichtig das fehlende Grau und kontrastiert zu dem allein dargebotenen Schwarz noch stärker als es das Grau tun könnte. Bei Wegfall des Schwarz (79) stößt der Weißgrund dagegen dort ans Flugloch, wo schwarz stehen sollte. Die

Zur Frage der Koordinaten des subjektiven Sehraumes der Biene. 475

Tabelle 7.

Dressur: Weiß/Schwarz +−, für Versuch 72
Grau/Schwarz +−, für die folgenden Versuche
1934.

Nr.	Versuch	Datum	Zahl der Versuche	Dauer in Min.	Σ Anfl.	+	m	$\frac{\text{Diff}}{m}$	$M\frac{\text{Diff}}{m}$	D
72		4. 5.	4	16	125	116	2,6	3	3	7,9
73		11., 25. 5. bis 29. 5.	9	59	171	137	5,2	1 bis 3	2,7	2,9
74		30. 5. bis 21. 6.	12	65	349	90	8,2	−3 bis +1	−2	5,4
75		1. 6. bis 19. 6.	11	61	494	182	10,7	−3 bis +2	−1,4	8,1
76		5. 9. bis 8. 9.	6	28	312	261	6,5	3	3	11,2
77		8. 9. bis 9. 9.	4	17	136	124	3,3	3	3	8
78		6. 9.	6	30	348	245	8,5	2 bis 3	2,7	11,6
79		7. 9. bis 8. 9.	10	59	392	257	9,4	0 bis 3	1,5	6,7
80		8. 9.	4	20	127	114	3,4	3	3	6,4
81		9. 9.	5	23	126	95	4,8	1 bis 3	2,6	5,5
82		9. 9. bis 10. 9.	6	34	47	19	3,4	−2 bis +2	−0,33	1,4
83		10. 9. bis 11. 9.	5	23	191	173	4,1	3	3	8,3
84		11. 9.	5	23	234	184	6,3	3	3	10,2
85		11. 9. bis 12. 9.	4	19	188	148	5,6	3	3	9,9
86		12. 9.	4	18	142	111	4,9	2 bis 3	2,8	7,9
87		13. 9. bis 14. 9.	11	56	198	109	7,0	−1 bis +2	0,36	3,5

Positivwahlen können nur auf teilinhaltliche Erinnerung an das Grau der Dressurfiguren bezogen werden, und der neue Gesamteindruck wirkt dem entgegen; die im Dressursinne positive Restfigur sieht im Sinne des Ganzen betrachtet „oben dunkel, unten hell" aus, kann also im Sinne der Negativfigur wirken! So läßt sich auch die Minuswahl 74 teilinhaltlich deuten: beachtet die Biene nur die Fluglochumgebung, vernachlässigt sie also die untere fluglochferne Hälfte der Quadrate, so sieht sie die im Dressursinne positive Figur als Weiß über, Grau unter dem Flugloch, die dressurnegative aber als Weiß über, Schwarz unter dem Flugloch; beidemal liegt der Kontrast im dressurpositiven Sinne und sie wählt den stärkeren von beiden, d. h. die Negativfigur. Bei der Verschiebung über das Flugloch (75) wäre eine entsprechende Deutung möglich, indem man den weißen Untergrund das fluglochnahe Schwarz der Positivfigur zu einer sehr stark abstoßenden Negativfigur, das Grau der gebotenen Negativfigur zu einer weniger kontrastreichen, also weniger abstoßenden Negativfigur ergänzen ließe (links: weiß unter, schwarz über dem Flugloch, rechts: weiß unter, grau über ihm).

Stellt man die beiden Hälften der Positivfigur gegenüber (81), so bevorzugen die Bienen das unter dem Flugloch liegende schwarze Rechteck, entgegen der Spontantendenz (S. 474). Auch das läßt sich im Sinne des Kontrastes mit dem Weißgrund deuten. Der weiße Untergrund ergänzt beide Restfiguren in ihrem Dressursinne und der Kontrast ist bei der Positivfigur größer, so daß die positive Restfigur noch positiver wirken müßte als die Positivganzfigur selbst.

Zerlegt man entsprechend die Negativfigur fluglochseitenrichtig in ihre Hälften und stellt sie einander gegenüber (82), so ergibt sich bei schwankender Wahl abermals eine gewisse Bevorzugung des Schwarz, entgegen der beobachteten Spontantendenz. Allerdings wurden die Spontanversuche mit einer einheitlich grauen gegenüber einer einheitlich schwarzen Fläche von 20 cm Seitenlänge gemacht. Dabei konnten natürlich keine Kontrastwirkungen entstehen, während es sich gerade bei den beschriebenen Versuchen immer um kleinere Flächen handelt, die sich von einem weißen Untergrund stark abheben. Der weiße Untergrund ergänzt die schwarze Restfigur zu oben Schwarz, unten Weiß. Diese hat den größeren Kontrast, sollte aber dressurgemäß im Negativsinn wirken und die allerdings kontrastärmere Ergänzung des Graufeldes im positiven; doch nur einmal wurde sie (statistisch unsicher) vorgezogen! Man darf vielleicht sagen, daß die Bienen beim Versagen der „Dressurgesichtspunkte" einfach der stärkeren Abhebung zufliegen. Ihrer Unsicherheit entspricht die verschwindend geringe Frequenz. Leider verabsäumte ich es, die Versuche 77—82 auf grauem Untergrunde zu wiederholen.

Rechtsdrehung der Positivfigur um das Flugloch herum um 30° (83), 60° (84), 75° (85), ja selbst 90° (86) verschlechtert wiederum die Wahl nicht merklich; erst 110° Drehung vernichten die Wahlstetigkeit (87).

Aber nur 2 von 11 Versuchen brachten Negativwahlen, in 1 Falle mit $\frac{\text{Diff.}}{m} = 0$, im anderen mit -1, also beide statistisch unsicher.

Zusammenfassung (Tabelle 7): Fluglochversuche mit dem Schwarz-Weiß- bzw. Schwarz-Graupaar und Oben-Untendressur verliefen wesentlich gleichsinnig mit denen am Blau-Gelbpaar. Auch hier sprach vieles für das Vorkommen teilinhaltlicher Beachtung der fluglochnahen Merkmalsteile. Neu hinzu kam in diesen Versuchen die relative Kontrastwirkung des Untergrundes. Versagen alle anderen Kriterien, so fliegen die Bienen anscheinend dem stärkeren Kontrast nach.

β) Schwarzer Balken durchs Flugloch horizontal +, vertikal —.

Brachten die bisher mitgeteilten Versuche schon zahlreiche Belege für die These, daß im optischen subjektiven Sehraum der freifliegenden Biene die Vertikale und die Horizontale festliegen, so beunruhigte doch auch in der letztbesprochenen Versuchsreihe vor allem die Tatsache, daß das Wahlvermögen Drehungen der horizontalen Grenzlinie um volle 90° ertrug (86), die das Dressur-Oben-Unten zu einem Rechts-Links machten. Alle Deutungsversuche dieser und ähnlicher Anomalien blieben etwas unbefriedigend. So lag es nahe, die Verhältnisse möglichst zu vereinfachen und einem waagerechten Balken einen vertikalen gegenüberzustellen, beide von gleicher Schwärze und gleicher Größe, mit dem Flugloch in der Mitte der Balkenlänge.

Als Positivmerkmal diente ein waagerechter, als Negativmerkmal ein vertikaler Balken, beide 8 mm breit und 8 cm lang. Nach 3 Tagen war die Dressur gelungen (8, 88). Drehungen des Positivbalkens nach links (89, 91) oder rechts (90, 92) um 30° oder 45° wurden gleich gut ertragen; bei seiner Drehung um 60° aber (93, 94) blieb die Wahl beidemal ganz aus und die Besucherzahl nahm sehr stark ab.

Dieses Ergebnis ist wesentlich klarer und eindeutiger als das aller bisherigen Drehversuche. Bei beiden Drehweisen ist endlich einmal die Grenze nahezu gleich. Der kritische Wert ist etwa derselbe wie für den Menschen. Auch wir würden, zum Urteilen aufgerufen, den um 60° gedrehten Balken als „ziemlich aufrecht" bezeichnen (schiefe Türme „stehen" noch, sie „liegen" nicht), und wenn auch im geometrischen Sinne 45° den Rechten halbieren, so hat für unseren Augenschein die 45°-Linie im vertikalen Feld doch eher Verwandtschaft mit der Waagerechten als mit der Senkrechten. Diese Versuche geben einen weiteren klaren Beleg für die Fähigkeit der Biene, die vier Quadranten des optischen Raumes im vertikalen Blickfelde auseinanderzuhalten.

Auch bei BAUMGÄRTNER hatten die Bienen gelernt, zwei kongruente Vierstrahler, deren Achsen um 45° verdreht waren, auseinanderzuhalten. Das kann ebenfalls nur möglich sein, wenn den Bienen das Erfassen von Senkrecht und Waagerecht im Raum von vornherein gegeben ist.

Tabelle 8.

Dressur: —○— | 1934.
         +   —

Nr.	Versuch	Datum	Zahl der Versuche	Dauer in Min.	Σ Anfl.	+	m	$\frac{\text{Diff}}{m}$	$M\frac{\text{Diff}}{m}$	D
88	—○—+ —|	25. 9. bis 26. 9.	5	22	271	215	6,7	2 bis 3	2,8	12,3
89	⌒+₃₀° —|	26. 9. bis 27. 9.	5	20	138	113	4,5	2 bis 3	2,8	6,9
90	⌒+₃₀° —|	25. 9.	4	18	132	115	3,9	3	3	7,3
91	⌒+₄₅° —|	27. 9.	4	17	141	116	4,5	2 bis 3	2,8	8,3
92	⌒+₄₅° —|	27. 9.	4	17	121	101	4,1	3	3	7,1
93	⌒+₆₀° —|	27. 9. bis 28. 9.	5	28	60	31	3,9	0 bis +2	0,4	2,1
94	⌒+₆₀° —|	28. 9.	5	30	69	36	4,2	0	0	2,3

Versuche mit Balken ohne Flugloch unterblieben, da die Flugzeit zu Ende ging. Da die Bienen aber in fluglochfreien Versuchen die schwerere Aufgabe lösten, Blau-Gelbpaare zu unterscheiden, wenn Oben-Unten dem Rechts-Links gegenüberstand, so wird man ihnen die Bewältigung der leichteren entsprechenden Aufgabe mit den fluglochlosen Balken als Anzeiger der Senkrechten bzw. Waagerechten um so eher zutrauen.

2. Dressur ohne Flugloch.

Endlich wurden den Gelb-Blauversuchen zum Oben-Untenverhältnis auch Grau-Schwarzversuche ohne Flugloch an die Seite gestellt (Tabelle 9).

Die Ausgangsdressur auf Grau oben, Schwarz unten als Positivmerkmal gegen Schwarz oben, Grau unten als Negativmarke war nach 4 Tagen vollkommen (95).

Rechtsdrehungen um 20° (96) wurden noch gut ertragen, solche um 30° (97) nicht mehr; bei gleich großer Linksdrehung (98) wird noch recht gut gewählt, bei 45° aber nicht mehr (99), ja, es treten schon Negativwahlen auf. Drehungen der Positivfigur um 90° nach rechts (100) führen zu leichter, nach links (101) zu deutlicher Bevorzugung der Negativfigur.

Werden *beide* Marken gleichsinnig um 30° nach links gedreht (102), so bleibt die Wahl völlig sicher. Gleichsinnige Rechtsdrehung beider Marken um 30° macht die Positivwahl ebenso unmöglich (103) und senkt

Zur Frage der Koordinaten des subjektiven Sehraumes der Biene. 479

Tabelle 9.

Dressur: 1934. Grau Schwarz + ▨ ■ Schwarz Grau − ■ ▨

Nr.	Versuch	Datum	Zahl der Versuche	Dauer in Min.	Σ Anfl.	+	m	$\frac{\text{Diff}}{m}$	$M \frac{\text{Diff}}{m}$	D
95		17. 9.	5	20	311	263	6,4	3	3	15,5
96	20°	20. 9.	4	16	172	148	4,6	3	3	10,7
97	30°	19. 9. bis 20. 9.	6	29	248	118	7,9	−2 bis +2	0	8,6
98	30°	17. 9. bis 20. 9.	8	32	445	303	9,9	0 bis 3	2,3	13,9
99	45°	18. 9. bis 19. 9.	5	22	198	70	6,7	0 bis −3	−1,4	9
100	90°	20. 9.	3	12	206	92	7,1	0 bis −1	−0,3	17,2
101	90°	19. 9.	4	16	88	17	3,7	−1 bis −3	−2	5,5
102	30°	22. 9.	3	12	428	331	8,7	3	3	35,7
103	30°	22. 9. bis 23. 9.	4	19	228	116	7,6	0	0	12
104	30°	22. 9.	3	12	223	181	5,9	3	3	18,6
105	30°	23. 9.	6	31	231	168	6,8	2 bis 3	2,5	7,5
106		20. 9.	7	32	257	211	6,1	0 bis 3	2,4	8

die Wahlfreudigkeit ähnlich wie die gleiche Drehung allein der Positivfigur es tat (vgl. 97).

Gegensinnige Auseinanderdrehung beider Figuren um 30⁰ (die positive nach links, die negative nach rechts) stört die Wahl nicht (104) und dasselbe gilt fast ebensogut für die Zueinanderdrehung (positiv rechts-, negativ linksherum, 105), gerade als wenn die für sich allein unerträgliche Rechtsdrehung der Positivfigur (vgl. 97) durch die Linksdrehung der Minusmarke wettgemacht würde.

Werden endlich die beiden Hälften der ungedrehten Dressurfiguren um eine Rechteckbreite dressurlagerichtig auseinandergerückt, so bleiben alle Wahlen (bis auf eine unentschiedene) sehr deutlich positiv (106). Auch diese Rechteckpaare werden also als Ganze erfaßt.

Um den Vergleich aller Ergebnisse bei vertikaler Dressuranordnung zu erleichtern, sind in Tabelle 10 die kritischen Drehwinkel der Positivfigur zusammengestellt, bei welchen eben noch richtig gewählt wurde.

Tabelle 10. **Kritische, noch eben ertragene Drehwinkel (in Grad) der Positivfigur bei**

Dressur auf		oben/unten		rechts/links		r.l. +/− ob.un.		ob.un. +/− r.l.	
		R	L	R	L	R	L	R	L
Mit Flugloch	gelb/blau	75							
	schwarz/grau Balken	90		45 + (135 −)¹		45	45		
Ohne Flugloch	gelb/blau	20	30	90	90	60	(45)	50	45
	schwarz/grau	20	30						

[1] Nach Friedländer, l. c. S. 216 und 217.

Wie die ermittelten Werte lehren, ist die Oben-Untenbeziehung gegen Drehungen weitgehend unempfindlich nur bei Fluglochdressuren, höchst empfindlich dagegen, wenn der Fixpunkt des Flugloches fehlt. Die Rechts-Linksbeziehung dagegen verträgt auch ohne Flugloch sehr starke Drehungen der Positivfigur. Beim Ausspielen von Oben-Unten gegen Rechts-Links liegt die Grenze, soweit untersucht, bei den verschiedenen Anordnungen einigermaßen übereinstimmend bei etwa 45°, also bei der Winkelhalbierenden zwischen den beiden Bezugsrichtungen, ganz ähnlich wie es für uns Menschen auch gilt.

Wie wir aus diesen Ergebnissen schließen dürfen, ist die Bindung der Biene an das Links-Rechtsverhältnis offensichtlich erheblich fester als die an das Oben-Untenverhältnis. Sie vermag sich an der Raumsenkrechten besser zu verankern als an der Raumwaagerechten. Das ist biologisch verständlich, insofern als sie beim Wegfinden, obwohl sie als Lufttier sich im dreidimensionalen Raume orientieren muß, sich doch vorwiegend in geringer Höhe dem Boden parallel bewegt; die horizontale Verteilung ihrer optischen Wegmarken gibt ihr mehr Anhaltspunkte als die vertikale, womit nicht gesagt sein soll, daß ihre Sicherheit im Ansteuern von Zielen in der Horizontalen größer sei, daß ihre telotaktischen Mechanismen in der Waagerechten besser arbeiteten als in der Senkrechten. Jedenfalls liegt beim Ausflug zum bekannten Futterplatz wie bei der Heimkehr zum Stock die Hauptaufgabe der Orientierung in der waagerechten Ebene, ähnlich wie beim Bodentier; und hier werden ihr bei ihrem Kurshalten gegen den Lichteinfall oder gegen Raummarken, die sie keinesfalls immer genau ansteuern muß (vgl. KÜHNs Deutung ihres Wegfindens, 1919, S. 39 f., Ausschleifen der Wegbahnen), gewiß nicht immer ihre Anpeilpunkte zugleich als Zielpunkte dienen. Dem entspricht die Entbehrlichkeit des Fluglochs als Bezugspunkt, die sich aus unseren Versuchen ergab. Bei der Orientierung in der Vertikalebene aber hat sie im freien Flug zumeist den Horizont als machtvolle Hell-Dunkelabhebung vor sich, um sich daran festzuhalten. Das mag begreiflich erscheinen lassen, daß sie eher versagt, wenn ihr im Versuch mit Oben-Untenmerkmalen das Flugloch als Zielobjekt genommen ist. Ferner wäre es wichtig zu wissen, wie große Schwankungen die fliegende Biene, insbesondere im Kurvenflug, um ihre Längsachse macht, was mittels Filmaufnahmen festzustellen wäre. Ihre Größe wäre mit der der eben noch ertragenen Drehwinkel unserer Figuren zu vergleichen. Dem bloßen Augenschein nach zu urteilen dürften die Schwankungen um die Längsachse geringer sein als die Neigungen um die Querachse beim Auf- und Abwärtsfluge. Auch dieser Umstand müßte ihr das Festhalten der Rechts-Linksbeziehung erleichtern. Daß grundsätzliche Unterschiede in der Fähigkeit der Biene bestünden, sich auf die Raumvertikale bzw. die Raumhorizontale zu beziehen, das glaube ich nicht, denke vielmehr eher an solche allein des Grades.

B. Horizontalanordnung.

Aus ihren Formdressuren hatte M. FRIEDLÄNDER geschlossen, daß die Biene Formen an sich fluglochunabhängig wahrzunehmen vermag. Ihre Ergebnisse mit Formpaaren und ihren Verschiebungen gegen das Flugloch, sowie entsprechende mit Farb- bzw. Hell-Dunkelpaaren wiesen in die gleiche Richtung, wenn auch noch keineswegs eindeutig. Immerhin konnte schon sie der Deutung von M. HERTZ, die im Flugloch einen für die Rechts-Linksauffassung unentbehrlichen Fixpunkt sehen wollte, widersprechen und vielmehr von „relativen Lokalzeichen" reden.

Meine Versuche ohne Flugloch erhärten und erweitern diese Feststellung.

Der subjektive Sehraum der Biene muß eine gleichsam vorgebildete Raumsenkrechte und Raumwaagerechte enthalten, die ihr als Bezugslinien zur Orientierung dienen, ähnlich wie bei uns. Die Biene vermag nachweislich ohne festen Zielpunkt nicht nur Rechts, Links, Oben, Unten voneinander zu unterscheiden, sondern auch alle 4 Richtungen im vertikalen Blickfelde vor sich zu erfassen. Ein Zielpunkt wie das Flugloch *kann* dabei nützlich sein, wenn er gerade vorhanden ist, aber er ist entbehrlich.

Im waagerechten Blickfelde unter sich aber sollte die Biene nach HERTZ' erfolglosen Versuchen einer Rechts-Linksdressur auf dem Tisch, bei Horizontalanordnung also, dazu nicht fähig sein. Wie schon oben (S. 457) betont wurde, würde ein solches Unvermögen das Wegfinden der Biene an Hand von optischen Bodenmarken unverständlich erscheinen lassen. So entschloß ich mich zur Wiederholung der Versuche in Horizontalanordnung.

Schon einige Vorversuche, die noch spät im Herbst 1934 angestellt wurden, zeigten einwandfrei, daß eine Dressur in horizontaler Anordnung wohl möglich ist. Im Sommer 1935 folgten dann eingehendere Versuche, vorerst am alten Versuchsplatz (Abb. 4, V_1).

Hinter dem Versuchstisch stand ein 1,60 mal 2,65 m großer weißer Wandschirm S, der den anfliegenden Bienen das reich gegliederte Innere des Walschuppens verdeckte. Gut eingeflogene Bienen kamen geradlinig auf kürzestem Wege vom Stock zum runden Versuchstisch. Ihre Anflugsrichtung scheint die einzige Bezugslinie

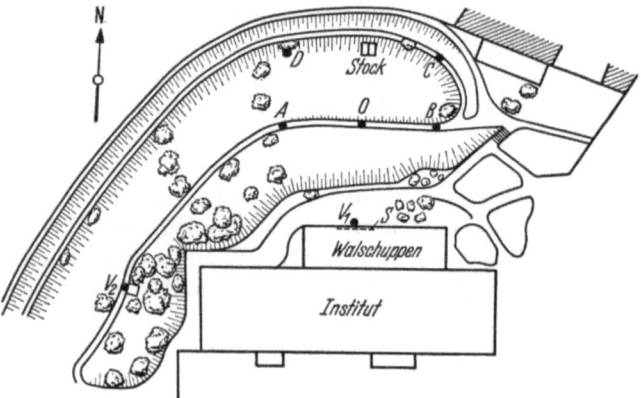

Abb. 4. Kartenskizze des Gartens mit den Versuchsorten.

zu sein, die sich den Bienen beim Erlernen der Merkmale bieten konnte; es sei denn, daß man Menotaxis zur Lichtverteilung am Himmel oder Kompaßsteuerung zu den Bäumen oder sonstigen Sehdingen der Umgebung u. dgl. annehmen will.

Bei den folgenden Versuchsreihen wandte ich auch wieder automatischen Platzwechsel der Dressurmarken an. Ebenso wie in der vertikalen Anordnung sollten auch hier zwei spiegelbildlich gleiche Merkmalspaare ihre Lage im Raume relativ zur Anflugsrichtung bei einer Drehung ihrer Unterlage nicht verändern. Wie Abb. 5 zeigt, wurde die Drehscheibe horizontal angebracht. Um sie in sich zu festigen, waren 2 Räder (R_1 und R_2) auf einer gemeinsamen Achse an den Felgen miteinander verbunden. Die Drehscheibe war auf ihrer Oberseite mit Pappe bezogen. Sie war von 2 festen Achsen (A_1 und A_2) durchbohrt, die oben je eine kleine Platte (P_1 und P_2) von 6 qcm für die Marken, zwischen den beiden Scheiben je ein Zahnrad (Z_1 und Z_2) trugen. Beide Zahnräder waren mit je einem gleich großen, auf der Achse der Drehscheibe festsitzenden Zahnrad (Z_3 und Z_4) mittels Kettenübertragung verbunden. Dadurch blieb die Raumlage der Marken relativ zur Anflugsrichtung während des Umlaufs der Drehscheibe dauernd unverändert erhalten. Die Dressurfarbpaare bildeten ein Quadrat von $8^1/_2$ cm Seitenlänge.

Die ganze Anordnung war mit einer runden Glasplatte G bedeckt, die auf Glasfüßchen auf der Drehscheibe lag. Gefüttert wurde über der Scheibe. Auch hier wandte ich das Prinzip der spärlichen Fütterung an; ich benutzte kleine, 2 cm hohe und 4 cm weite Petri-Schalen, die umgekehrt auf einer mit Fließpapier bedeckten runden Glasplatte von 5 cm Durchmesser standen. Das Futtergefäß stand genau zentriert über der Positivmarke, über der Negativmarke befand sich ein gleiches leeres Gefäß. Zum Versuch wurde die große Glasplatte gereinigt und umgedreht; auf ihr standen dann zwei leere, saubere Gefäße.

1936 dressierte ich auf einem freien Gang im Garten (Abb. 4, O) am Fuße eines Abhangs (ehemaliger Wallgraben, in dem sich auch der Stock befindet), um den Bienen eine Orientierung nach so großen und deutlichen Merkmalen, wie die Hauswand und der Walschuppen sie boten, unmöglich zu machen. Als Versuchstisch diente die eben beschriebene Anordnung. Zu den Versuchen an den Plätzen A, B, C, D (Abb. 4) wurde als Versuchstisch ein runder Drehschemel von der Höhe des Dressurtisches benutzt, auf dem ich eine der sonst verwendeten Drehscheibe in der Aufsicht durchaus gleiche Scheibe mit derselben Glasplatte G der Abb. 5 bedeckte, die in den Drehscheibenversuchen stets verwendet worden war.

Farbpaar Blau-Gelb.

α) Rechts-Links zur Anflugsrichtung.

Die Bezeichnungen „Rechts" und „Links" entsprechen in dieser Anordnung objektiv West bzw. Ost und gelten vom Beobachter aus, der in Anflugsrichtung der Bienen auf den vor ihm stehenden Tisch blickt. Die erste Aufgabe, Links Gelb, Rechts Blau als Positivmarke, Rechts Gelb, Links Blau als negative bei ständigem Ortswechsel unter Erhaltung der Rechts-Linksraumlage relativ zur Anflugsrichtung (S. 482) erlernten die Bienen verhältnismäßig schnell. Am 5. Tag

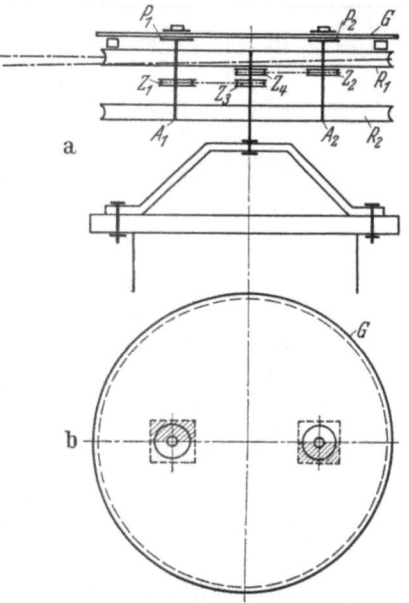

Abb. 5. Horizontale Dressuranordnung a) von der Seite, b) von oben.

war die Dressur nahezu gelungen, am 6. Tag war sie fest (Tabelle 11, 107). Um die aus allen Horizontalversuchen bekannte Klumpenbildung zu vermeiden — hat erst eine oder ein Paar Bienen sich niedergelassen, so fallen die anderen auf sie, nicht auf das Merkmal ein — scheuchte ich jede Biene, sobald sie sich gesetzt hatte, mit einem dünnen Stöckchen auf. So wurden oft mehrere Anflüge derselben Biene nacheinander beobachtet, zwischen welchen sie das übliche Kreisen über der Versuchsanordnung übte. Für diese späteren Anflüge fällt also die Hilfe der Anflugsrichtung vom Stock her weg.

Es folgten nun sogleich Drehversuche. Eine Drehung der Positivfigur um 45° nach beiden Seiten änderte nichts am Dressurerfolg (108, 109). Die Zahlen sind noch genau so gut wie bei den Normalversuchen, die Frequenz ist sogar noch gestiegen. Ebenso schadet eine Drehung der Negativfigur um 45° nichts (110). Eine Drehung der Positivfigur um 90° sowohl nach links als auch nach rechts dagegen wird nicht mehr

Tabelle 11.

Dressur: Gelb/Blau + , Blau/Gelb − , 1935.

Nr.	Versuch	Datum	Zahl der Versuche	Dauer in Min.	Σ Anfl.	+	m	Diff/m	M Diff/m	D
107		2. 8. bis 30. 8.	27	137	1508	1229	15,1	2 bis 3	2,9	11
108		12. 8. bis 13. 8.	6	28	529	418	9,4	3	3	18,9
109		13. 8.	6	29	418	345	7,8	2 bis 3	2,8	14,4
110		20. 8.	4	23	126	103	4,3	3	3	5,5
111		15. 8. bis 31. 8.	20	111	856	447	14,6	0 bis 2	0,3	7,7
112		13. 8. bis 30. 8.	20	110	1078	579	16,7	−1 bis 3	0,6	9,8
113		20. 8. bis 5. 9.	10	53	496	249	11,1	0	0	9,4
114		20. 8. bis 5. 9.	12	67	301	153	8,7	0	0	4,5
115		27. 8. bis 5. 9.	13	71	488	239	11,0	−1 bis +1	0	6,9
116		21. 8. bis 22. 8.	4	20	275	220	6,6	3	3	13,8
117		23. 8. bis 24. 8.	6	31	359	271	8,2	2 bis 3	2,7	11,6
118		24. 8. bis 27. 8.	4	20	140	113	4,7	3	3	7
119		24. 8.	4	20	133	111	4,3	3	3	6,7
120		1. 9.	10	50	455	224	10,7	−1 bis 0	−0,1	9,1
121		27. 8. bis 1. 9.	11	56	300	156	8,7	−1 bis +1	0	5,4
122		2. 9. bis 4. 9.	14	75	516	244	11,4	−2 bis +1	−0,3	6,9
123		2. 9. bis 4. 9.	14	77	588	258	12,1	−2 bis +1	−0,3	7,6

ertragen (111, 112). Der Wert $\frac{\text{Diff.}}{m}$ ist in 28 von insgesamt 40 Einzelversuchen $= 0$; die Frequenz sinkt, und die Bienen zögern viel länger in der Luft als beim Dressurversuch, bis sie sich endlich setzen.

Völlig verwechslungsgleich werden die Marken, wenn *beide* um 90⁰ gedreht sind (113). $\frac{\text{Diff.}}{m}$ ist in allen 10 Einzelversuchen $= 0$.

Drehung der Positivfigur um 135⁰ nach links (114) oder rechts (115) hebt die Dressurwirkung ebenso vollkommen auf. $\frac{\text{Diff.}}{m}$ ist 23mal gleich Null, nur 1mal $+1$ bzw. -1. Die Durchschnittsfrequenzen sind hier auffallend gesunken.

Um festzustellen, ob die quadratische Begrenzung der Marken die raumkonstanten Bezugslinien liefere, wurde die Positivmarke allein (116) oder es wurden beide Marken abgerundet (117); der Durchmesser betrug 8,5 cm. Das Wahlergebnis litt ebensowenig wie bei der Vertikalanordnung. Auch die Drehversuche mit runden Marken laufen gerade so wie die mit quadratischen: Drehungen um 45⁰ nach beiden Seiten (118 und 119) stören im Ergebnis nicht, wenn wir von der Frequenzverminderung absehen; solche um 90⁰ zerstören die Wahl (120 und 121), wobei $\frac{\text{Diff.}}{m}$ neben 18 Nullwerten 1mal $+1$, 2mal -1 beträgt. Bei Drehungen um 135° endlich (122 und 123) stehen 18 Nullwerten 2 positive ($+1$) und 8 negative (6mal -1, 2mal -2) gegenüber, so daß im Mittel eine allerdings statistisch keinesfalls gesicherte Bevorzugung der Negativfigur herausgelesen werden könnte. Die Durchschnittsfrequenzen ergeben bei den Kreisversuchen kein klares Bild. Sie sind zwar durchweg niedrig, aber sehr schwankend. Demnach haben die geradlinigen Markenkanten in den Horizontalversuchen 107—116, die in der Anflugsrichtung bzw. senkrecht zu ihr verliefen, bei der Wahl in erkennbarer Weise *nicht* mitgeholfen.

Zusammenfassend läßt sich über diese Versuchsreihe folgendes aussagen: *Die Dressur auf zwei spiegelbildlich symmetrische Farbpaare auf horizontaler Platte in Rechts-Linksanordnung ist erstmals gelungen.* Die Erträglichkeitsgrenze für Markendrehungen liegt zwischen 45° und 90°, gleich ob die Farbpaare quadratisch oder kreisförmig begrenzt sind. Die Markenform ist, soweit untersucht, ebenso gleichgültig wie bei den Vertikalversuchen.

β) Vorn-Hinten zur Anflugsrichtung.

Bisher lag die Scheidelinie der beiden Farbrechtecke *in* der Anflugsrichtung der Bienen. Es fragte sich nun, ob die Bienen auch Anordnungen erlernen können, die zu ihrer Anflugsrichtung anders orientiert sind, beispielsweise die dazu senkrechte. Bei der nächstfolgenden Dressur lag die Trennungslinie der beiden Farbrechtecke senkrecht zur Anflugsrichtung, und zwar zeigte die Positivmarke, wenn man vom Stock her blickte, vorne Gelb, hinten Blau, die Negativmarke umgekehrt vorne

Blau, hinten Gelb. Diesmal war also objektiv die Nord-Südanordnung gewählt worden.

Die Dressur gelang schon am vierten Tage einwandfrei (Tabelle 12, 124). Wie die angeschlossenen Drehversuche zeigen, wird auch in dieser Anordnung eine Drehung der Positivfigur um 45° nach rechts oder links

Tabelle 12.

Dressur: Blau/Gelb + , Gelb/Blau − , 1935.

Nr.	Versuch	Datum	Zahl der Versuche	Dauer in Min.	Σ Anfl.	+	m	$\frac{\text{Diff}}{m}$	$M \frac{\text{Diff}}{m}$	D
124		14. 9. bis 28. 9.	7	32	545	446	9,0	3	3	17
125		14. 9. bis 15. 9.	6	26	487	388	8,9	3	3	18,7
126		14. 9. bis 15. 9.	6	23	452	377	7,9	3	3	19,7
127		15. 9. bis 19. 9.	15	78	648	336	12,7	0 bis 2	0,3	8,3
128		15. 9. bis 19. 9.	15	83	821	445	14,3	0 bis 2	0,3	9,9
129		20. 9. bis 21. 9.	10	55	454	219	10,7	—1 bis 0	—0,2	8,3
130		20. 9. bis 21. 9.	8	44	417	184	10,1	—2 bis 0	—0,5	9,3
131		21. 9. bis 22. 9.	5	20	201	185	3,8	3	3	10,1
132		22. 9.	6	27	273	249	4,7	3	3	10,1
133		22. 9.	6	30	303	274	5,1	3	3	10,1
134		23. 9. bis 24. 9.	10	53	349	191	9,3	0 bis 1	0,2	6,6
135		23. 9. bis 24. 9.	10	54	386	204	9,8	—1 bis +1	0,2	7,1
136		24. 9. bis 29. 9.	10	52	330	151	9,1	—1 bis 0	—0,3	6,3
137		24. 9. bis 29. 9.	10	54	303	134	8,7	—1 bis 0	—0,2	5,5

gleich gut ertragen (125, 126). Die Durchschnittsfrequenzen sind genau so groß wie im Normalversuch. Erst eine Drehung um 90° nach links (127) oder rechts (128) nimmt der Marke den Positivwert. $\frac{\text{Diff.}}{m}$ ist 22mal = 0, 7mal = +1, 1mal = +2, Negativwahlen fehlen. Wenn von den schwach positiven Versuchen die Mehrzahl, nämlich 5 auf die Rechtsdrehung fallen, so kann das Zufall sein oder Nachwirken der nur 5—8 Tage zurückliegenden Dressur auf links Gelb, rechts Blau, wozu ja unsere neue Positivmarke durch ihre Rechtsdrehung um 90° geworden ist; umgekehrt fehlen bei 135°-Drehung (129, 130) die Positivwahlen; neben 13 Nullwerten stehen 5 Negativwahlen (4mal —1, 1mal — 2).

Der Übergang zur Kreisform (131) vollzieht sich wiederum ganz reibungslos, und die Drehversuche mit den kreisförmig begrenzten Farbpaaren (132—137) haben dasselbe Ergebnis wie die mit quadratischer Begrenzung. Soweit untersucht, liefern Rechts-Links- und Vorn-Hintenfarbpaare in Horizontalanordnung durchaus gleiche Ergebnisse. Beide Verhältnisse sind leicht erkennbar. Sie vertragen beide noch Drehungen der Positivfigur von 45°, nicht mehr solche von 90°; noch größere Drehungen scheinen allmählich Negativwahlen bevorzugen zu lassen.

Warum M. HERTZ und alle anderen Autoren bei entsprechenden Versuchen in der Horizontalebene nur Mißerfolge aufzuweisen hatten, vermag ich nicht zu sagen. Von allgemein biologischen Gesichtspunkten aus war der positive Ausfall übrigens, wie schon oben S. 457 betont, zu erwarten. Er ist ja die Grundvoraussetzung dessen, was man als deskriptives Ortsgedächtnis zu bezeichnen pflegt; und sowohl die Tatsache, daß die eingeflogene Biene von jedem beliebigen Ort ihres Flugfeldes auf nahezu dem kürzesten Wege heimfindet, die nichteingeflogene dagegen, wenn man sie auch nur auf kurze Strecken „verträgt", völlig versagt (ähnlich wie Vögel), wie auch der mehrfach geführte Nachweis der Verwendung optischer Marken zur Orientierung im Flugfelde deuten beide auf deskriptives Ortsgedächtnis. Ein solches wäre unmöglich, wenn die Biene nicht auch auf dem überflogenen Grunde Rechts-Links und Vorne-Hinten unterscheiden könnte.

Welche Bezugslinie aber kann sie für solche Wahrnehmungen benützen? Wir dachten, wie ausgeführt, in erster Linie an die Anflugsrichtung der gut auf den Futterplatz eingeflogenen Biene, da die Ergebnisse unverändert blieben, als wir die Umgebung des Tisches optisch ganz gleichförmig machten (weißer Schirm).

Zur Prüfung dieser Vermutung galt es, die Anflugsrichtung zu variieren, d. h. mehrere Futterplätze derart anzulegen, daß die geraden Verbindungslinien derselben mit dem Stock möglichst große Winkel einschlossen.

γ) Änderung der Anflugsrichtung.

Zunächst verlegte ich den Dressurplatz auf den Weg in der Sohle des Wallgrabens, also in der alten Anflugsrichtung näher an den Stock, von dem er nur noch 11 m Abstand hatte (Abb. 4, 0). Die Scheidelinien zwischen den beiden Farbrechtecken lagen wieder genau in der Anflugsrichtung (Rechts-Linksdressur). Auch hier gelang die Dressur, zwar nicht ganz so schnell wie gewohnt, doch gut (Tabelle 13, 138).

Der nächstliegende Plan, die dressierten Bienen auf einen anderen Platz mit stark abweichender Anflugsrichtung zu tragen, um ihnen dort die Markenpaare in *alter* Raumorientierung, also in *neuer* Lage zur jetzigen Anflugsrichtung zu zeigen, scheiterte daran, daß sie immer wieder zum alten Dressurplatz ausflogen. Sie mußten also an den neuen Platz erst gewöhnt werden, ohne dort dressiert worden zu sein. Daher fütterte ich sie, nach mehrstündiger Dressur am Dressurplatz, auf dem neuen Versuchsplatz ohne Marken, während am Dressurplatz kein Futter stand. Auch dieser Weg war ungangbar: sie wählten am neuen Platz überhaupt nicht, wenn ihnen dort plötzlich die Marken vorgelegt wurden (beobachtet wurde auch hier wie immer nur die markierte Schar; die Zahl der Neulinge war nicht größer als gewöhnlich).

Ich mußte sie also abwechselnd an *beiden* Plätzen *ohne* Marken füttern. Dann wählten sie auch am Versuchsplatz. Die Frequenz all dieser Versuche wurde dadurch herabgesetzt, daß die Bienen sich angewöhnten, immer am anderen Platz zu suchen, wenn sie merkten, daß es an dem einen kein Futter gab. Daher konnten hier die Versuche nicht so dicht aufeinanderfolgen wie in den vorangegangenen Versuchsreihen. Ich mußte des öfteren große Pausen einschieben, in denen nachdressiert werden mußte.

Ich wählte 4 Plätze dergestalt aus, daß die Anflugsrichtungen vom Stock aus zu zweien von ihnen (Abb. 4, A, B) mit der Anflugsrichtung zum Dressurplatz 0 Winkel von je 45° bildeten, bei zweien (C und D) dagegen solche von 90°.

Um zu kontrollieren, ob die Dressur noch fest wäre, wurden zwischen die anderen Versuche dauernd Normalversuche am Dressurplatz 0 eingeschaltet (138).

Um in den folgenden Versuchen an den Plätzen A, B, C und D einen Vergleich für die Drehversuche zu haben, machte ich zunächst noch zwei Versuchsreihen am Dressurplatz 0 mit gedrehter Positiv- und Negativmarke, und zwar um 45° nach beiden Seiten (139, 140).

Während die Dressur am Dressurplatz weiterging und die Dressurschar zwischendurch bald dort, bald bei A markenfrei gefüttert worden, also an beiden Plätzen gleich gut eingeflogen war, schob ich die Versuche bei A ein (141—143), in denen die Bienen der Schar also erstmals bei A die futterlosen Marken erblickten. Trotz Drehung der Anflugsrichtung gegen die (alte) Raumlage der Farbscheidelinien (Nord-Süd) um 45° lösten die Bienen die Aufgabe bestmöglich (141) und ebenso nach Linksdrehung der Figuren um 45° (Scheidelinie Nordwest-Südost, 142).

Zur Frage der Koordinaten des subjektiven Sehraumes der Biene. 489

Tabelle 13.

Dressur auf „Dressurplatz" (Abb. 4) Gelb/Blau + Blau/Gelb − 1936.

↙↙ Anflugsrichtung eingeflogener Bienen.

Platz	Nr.	Versuch	Datum	Zahl der Versuche	Dauer in Min.	Σ Anfl.	+	m	$\frac{\text{Diff}}{m}$	$M\frac{\text{Diff}}{m}$	D
O	138		23. 7. bis 1. 10.	39	209	1359	1184	12,4	3	3	6,5
	139		29. 7. bis 21. 8.	10	50	375	298	7,8	1—3	2,8	7,5
	140		27. 7. bis 4. 8.	10	52	353	282	7,5	2—3	2,8	6,8
A	141		27. 7. bis 28. 8.	10	53	317	246	7,7	3	3	6
	142		28. 8. bis 1. 9.	10	50	387	313	7,8	3	3	7,7
	143		2. 9. bis 3. 9.	10	53	392	193	9,9	+1 bis −1	0	7,4
B	144		4. 9. bis 5. 9.	10	53	395	317	7,9	3	3	7,5
	145		7. 9. bis 8. 9.	10	52	359	290	7,5	3	3	6,9
	146		9. 9. bis 10. 9.	10	51	361	183	9,5	0 bis −1	—0,1	7,1
C	147		11. 9. bis 12. 9.	10	54	316	262	6,3	3	3	5,9
	148		14. 9. bis 17. 9.	10	58	298	249	6,4	3	3	5,1
	149		21. 9. bis 22. 9.	10	56	308	254	6,7	3	3	5,5
	150		18. 9. bis 19. 9.	10	54	372	187	9,8	+1 bis −1	0	6,9
D	151		23. 9. bis 24. 9.	10	56	325	254	7,4	2—3	2,7	5,8
	152		30. 9. bis 1. 10.	10	57	317	249	7,3	2—3	2,8	5,6
	153		25. 9. bis 26. 9.	10	54	289	231	6,8	1—3	2,6	5,4
	154		28. 9. bis 29. 9.	10	51	287	143	8,6	+1 bis −1	—0,1	5,6

Demnach haben sie sich *nicht* nach der Anflugsrichtung als Bezugslinie gerichtet. Hätten sie es getan, so durfte Versuch 141, in dem Anflugsrichtung und Scheidelinien 45° miteinander einschlossen, mit demselben Recht glücken wie 139; 142 aber hätte mißglücken müssen, wie alle älteren Drehversuche um 90° es taten. 142 aber war positiv. Erst 143, also Markendrehung im Raume um 90°, so daß Scheidelinie und Anflugsrichtung 135° miteinander einschlossen, lieferte das erste negative Ergebnis $\left(\frac{\text{Diff.}}{m}\ 8\text{mal} = 0,\ \text{je 1mal} = +1\ \text{bzw.} = -1\right)$.

Nun wurden die Bienen an Platz B gewöhnt, der 11 m nach Osten vom Dressurplatz entfernt war. Das Ergebnis war genau das gleiche wie bei A, obwohl diesmal die Flugrichtung zu B mit der zu A einen Winkel von 90°, mit der zum Dressurplatz einen solchen von 45° nach Osten statt wie bei A nach Westen einschloß: ausnahmslos positiv bei normaler Raumlage der Scheidelinie (144) = 45° gegen Anflugsrichtung, ebenso ausnahmslos positiv bei 45° Rechtsdrehung (also wieder von der Anflugsrichtung weg) im Raumsinne, = 90° gegen Anflugsrichtung; negativ (9mal = 0, 1mal = —1) erst bei 90° Rechtsdrehung im Raumsinn = 135° gegen neue Anflugsrichtung.

Während Platz A und B mit dem Dressurplatz auf einer Linie lagen und die Umgewöhnung den Bienen nicht schwer fiel, befanden sich die beiden anderen Plätze C und D weiter abseits, Platz C im Osten des Bienenstockes, Platz D im Westen; beide bildeten mit der alten Anflugsrichtung vom Stock zum Dressurplatz Winkel von 90°. Hier nahm das Hingewöhnen der Bienen an die neuen Plätze etwas mehr Zeit in Anspruch.

Genau so wie die Versuche bei A und B verliefen auch die bei C immer bei fortdauernder Dressur allein auf dem Dressurplatz. Wäre die Anflugsrichtung die maßgebliche Bezugslinie, so hätte hier schon der Ausgangsversuch mit normaler Raumlage der Figuren (Scheidelinie Nord-Süd) mißglücken müssen, denn die Anflugsrichtung steht senkrecht auf ihr. Sie glückte jedoch ausnahmslos (147), ebenso 148, Rechtsdrehung im Raum um 45° von der Anflugsrichtung weg, und 149, Linksdrehung im Raum um 45° zur Anflugsrichtung hin, = 135° bzw. 45° gegen die Anflugsrichtung; und abermals versagte die Wahl erst bei Raumdrehung um 90° (wo die Anflugsrichtung mit der Scheidelinie zusammenfiel, 150). Nach der Theorie der Anflugsrichtung als Bezugslinie hätten diese Versuche ideal glücken müssen genau wie in der Ausgangsdressur (138); aber $\frac{\text{Diff.}}{m}$ war 8mal = 0 und je 1mal = +1 bzw. = —1.

Im Spiegelbildversuch bei Platz D endlich (151—154) sind die Ergebnisse zwar nicht ganz so schlagend: unter den 30 positiven Versuchen mit 0°, 45° links und 45° rechts (151—153) erreichen 7 Einzelwerte $\frac{\text{Diff.}}{m}$ nur +2, einer nur +1, alle anderen sind größer als 3. Diese Ergebnisse sind jedoch selbstverständlich noch glatt positiv mit einer Gesamtwahrscheinlichkeit von gewiß über 99%. Erst bei 90⁰ Raumdrehung setzt die Wahl aus (7mal = 0, 1mal = +1, 2mal = —1).

Schluß.

Übereinstimmend widerlegen die Versuche an allen 4 Plätzen die scheinbar nächstliegende Deutung, die Bienen hätten sich der Anflugsrichtung als Bezugslinie bedient. Das besagt nicht, daß sie es nicht könnten, aber sie taten es unter unseren Versuchsumständen nicht, jedenfalls nicht nachweislich. Und wäre sie ihr einziger Kompaß gewesen, so hätte man ihnen (vgl. das auf S. 483 beschriebene Wegscheuchen nach erstmaligem Setzen) Erinnerung an die Anflugsrichtung auch während all ihres Kreisens über dem Versuchstisch zuschreiben müssen.

Die einzig mögliche Deutung dieser Versuche ist die, daß die Lage der Scheidelinie *raumabsolut* gemerkt wird und raumabsolut Drehungen bis mindestens 45⁰ erträgt, solche von 90⁰ und darüber jedoch nicht mehr. An Kompassen oder Bezugslinien können, nach gegenwärtigem Wissensstande, erstens die deskriptive Ortskenntnis der bekannten Stockumgebung, also die optische Markentopographie, zweitens die Helligkeitsverteilung am Himmel zur Abflugszeit vom Stock (Menotaxis, Lichtkompaßreaktion v. BUDDENBROCKs), drittens beide und womöglich weitere optische Vermögen zusammen, endlich der hypothetische Fühlersinn, den WOLF anzunehmen sich berechtigt glaubte, in Betracht kommen. Die Entscheidung bleibt weiteren Versuchen vorbehalten.

Zusammenfassung.

1. Bei *senkrechter* Dressuranordnung mit Flugloch gelingt nicht nur eine Rechts-Linksdressur auf spiegelbildliche Farb- und Helligkeitspaare, auch die *Oben-Untenbeziehung kann erlernt werden*. Horizontalverschiebung der Oben-Untenmarken gegen das Flugloch stört nicht, bei Vertikalverschiebungen dagegen erweist sich eine gewisse Fluglochabhängigkeit. Lagerichtigkeit der Teile gibt den Ausschlag, zudem besteht eine gewisse Bevorzugung des unteren Fluglochrandes. Klare Blau- bzw. Gelbvorliebe fand sich nicht; bei den Hell-Dunkelpaaren ist Transposition zwar möglich, doch kann die durch sie veränderte Abhebung vom weißen Untergrund störend eingreifen.

2. Auch *ohne Flugloch* kann die Biene bei *Vertikalanordnung* sowohl *die Rechts-Linksbeziehung*, als auch *die Oben-Untenbeziehung erlernen*, wenn sie durch Farb- oder Helligkeitspaare ausgedrückt sind. Die Umrißgestalt spielt dabei keine Rolle, die Hälften der Merkmalspaare können ungestraft auseinandergerückt werden. Die Bedeutung des Fluglochs ist aber noch geringer als FRIEDLÄNDER es annahm: ist es vorhanden, so kann es als relatives Lokalzeichen dienen, muß es aber nicht. Fehlt es, so glücken die Unterscheidungen unter Umständen ebensogut.

3. Auch auf *horizontaler Unterlage* ohne Flugloch gebotene *spiegelbildlich symmetrische Farbpaare werden unterschieden*, sowohl bei *Rechts-Links-* als auch bei *Vorn-Hintenanordnung* ihrer Hälften im Sinne der Anflugsrichtung. Auch diese Dressur ist von der Form der Außenkanten der Merkmalspaare unabhängig. Daher war in der Versuchsanordnung nichts enthalten, was, ähnlich wie das Flugloch in den Kästchendressuren, als fester Bezugspunkt hätte dienen können; in sämtlichen Versuchen der Arbeit wechselten die Merkmalspaare ständig ihren Ort (Drehscheibe). *Als Bezugslinie* kommt bei den Horizontalversuchen die *Anflugsrichtung* nachweislich *nicht* in Frage, wie die Versuche mit wechselndem Versuchsort beweisen. Wie aus sämtlichen Versuchen hervorgeht, dürfte der *subjektive Sehraum der fliegenden Biene* sowohl *vor ihr* (Vertikalanordnungen) *wie unter ihr* (Horizontalversuche) *dieselben drei Raumkoordinaten besitzen wie der menschliche*. Unabhängig von der eigenen Körperlage im Raum vermag sie jederzeit gesehenes Vorne und Hinten, Rechts und Links, Oben und Unten zu unterscheiden. *Das* hierzu nötige *optische Bezugssystem* dürfte ihr *die deskriptive Ortskenntnis des Flugraumes* geben, in dem sie eingeflogen ist bzw. die Lichtkompaßsteuerung oder beide zusammen.

4. Gegen Drehungen des Positivpaares in der Darbietungsebene der Vertikalanordnung sind die Wahlen verschieden empfindlich. Das Flugloch als Bezugspunkt scheint die Duldung von Drehungen zu erhöhen. Ohne Flugloch vertrug das vertikale Farbpaar Rechts-Links 90° Drehung, das Oben-Untenpaar (auch Schwarz-Grau) nur 20° bzw. 30°. Der durchs Flugloch gehende vertikale bzw. horizontale Balken durfte um 45° gedreht werden, ohne seinen Positivwert zu verlieren. Auch Dressuren auf Rechts-Links gegen Oben-Unten bzw. die umgekehrten gelangen, wobei Drehungen bis zu 45 bzw. 60° geduldet wurden. In der Horizontalanordnung wurden sowohl bei Rechts-Links- wie bei Vorn-Hintendressuren (im Sinne der Anflugsrichtung) Drehungen von 45° ertragen, solche von 90° nicht mehr.

Schrifttum.

Baumgärtner, H.: Der Formensinn und die Sehschärfe der Bienen. Z. vergl. Physiol. 7, 56—143 (1928). — **Beling, I.:** Über das Zeitgedächtnis der Bienen. Z. vergl. Physiol. 9, 295—338 (1929). — **Bierens de Haan, J. A.:** Über Wahl nach relativen und absoluten Merkmalen. Z. vergl. Physiol. 7, 462—487 (1928). — **Buddenbrock, W. v.:** Die Lichtkompaßbewegungen bei den Insekten, insbesondere den Schmetterlingsraupen. Sitzgsber. Heidelberg. Akad. Wiss., Math.-naturwiss. Kl. 8 B (1917). — Beiträge zur Lichtkompaßorientierung (Menotaxis) der Arthropoden. Z. vergl. Physiol. 15, 597—612 (1931). — **Friedländer, M.:** Zur Bedeutung des Fluglochs im optischen Feld der Biene bei senkrechter Dressuranordnung. Z. vergl. Physiol. 15, 193—260 (1931). — **Frisch, K. v.:** Der Farbensinn und Formensinn der Bienen. Zool. Jb., Allg. Zool. 35, 1—188 (1914). — Methoden sinnesphysiologischer und psychologischer Untersuchungen an Bienen. Handbuch der biologischen Arbeitsmethoden, Abt. 6, Teil D, S. 121—178. 1922. — Über die Sprache der Bienen. Zool. Jb., Physiol. 40, 1—186 (1923). — Aus dem Leben der Bienen. Verständliche Wissenschaft, Bd. 1. Berlin 1927. — **Hertz, M.:** Die Organisation des optischen Feldes bei der Biene. Z. vergl. Physiol. 8, 693—748 (1929). — Die Organisation des optischen Feldes bei der Biene. II. Z. vergl. Physiol. 11, 107—145 (1929). — Das optische Gestaltproblem und der Tierversuch. Verh. dtsch. zool. Ges., 33. Verslg Marburg 1929. — Zool. Anz., Suppl. 4, 23—49 (1929). — Die Organisation des optischen Feldes bei der Biene. III. Z. vergl. Physiol. 14, 629—674 (1931). — Neue Versuche über das Gedächtnis der Honigbiene für Strukturen. Biol. Zbl. 52, 436—444 (1932). — Über figurale Intensitäten und Qualitäten in der optischen Wahrnehmung der Biene. Biol. Zbl. 53, 10—40 (1933). — **Hörmann, M.:** Über den Helligkeitssinn der Biene. Z. vergl. Physiol. 21, 188—219 (1934). — **Koehler, O.:** Untersuchungsmethoden der allgemeinen Reizphysiologie und der Verhaltensforschung an Tieren. Methodik wissenschaftlicher Biologie, Bd. 2, Allg. Physiol., S. 846—925. Berlin 1928. — **Köhler, W.:** Gestaltprobleme und Anfänge einer Gestalttheorie. Jber. Physiol. 3, 512—539 (1925). — **Kühn, A.:** Die Orientierung der Tiere im Raum. Jena 1919. — **Opfinger, E.:** Über die Orientierung der Biene an der Futterquelle. Z. vergl. Physiol. 15, 431—487 (1931). — **Rauschmayer, F.:** Das Verfliegen der Bienen und die optische Orientierung am Bienenstand. Arch. Bienenkde 9, H. 8 (1928). — **Wahl, O.:** Neuere Untersuchungen über das Zeitgedächtnis der Bienen. Z. vergl. Physiol. 16, 529—589 (1932). — Neuere Untersuchungen über das Zeitgedächtnis der Bienen. II. Z. vergl. Physiol. 18, 709—717 (1933). — **Wolf, E.:** Über das Heimkehrvermögen der Bienen (1. Mitt.). Z. vergl. Physiol. 3, 615—691 (1926). — Über das Heimkehrvermögen der Bienen. (2. Mitt.) Z. vergl. Physiol. 6, 221—254 (1927).

Aufnahmebedingungen.

I. Sachliche Anforderungen.

1. Der Inhalt der Arbeit muß dem Gebiet der Zeitschrift angehören.
2. Die Arbeit muß wissenschaftlich wertvoll sein und Neues bringen. Bloße Bestätigungen bereits anerkannter Befunde können, wenn überhaupt, nur in kürzester Form aufgenommen werden. Dasselbe gilt von Versuchen und Beobachtungen, die ein positives Resultat nicht ergeben haben. Arbeiten rein referierenden Inhalts werden abgelehnt, vorläufige Mitteilungen nur ausnahmsweise aufgenommen. Polemiken sind zu vermeiden, kurze Richtigstellung der Tatbestände ist zulässig. Aufsätze spekulativen Inhalts sind nur dann geeignet, wenn sie durch neue Gesichtspunkte die Forschung anregen.

II. Formelle Anforderungen.

1. Das Manuskript muß leicht leserlich geschrieben sein. Die Abbildungsvorlagen sind auf besonderen Blättern einzuliefern. Diktierte Arbeiten bedürfen der stilistischen Durcharbeitung zur Vermeidung von weitschweifiger und unsorgfältiger Darstellung. Absätze sind nur zulässig, wenn sie neue Gedankengänge bezeichnen.
2. Die Arbeiten müssen *kurz* und in gutem Deutsch geschrieben sein. Arbeiten in den anderen Kongreßsprachen können nur aufgenommen werden, wenn es sich um die Muttersprache des Autors handelt. Ausführliche historische Einleitungen sind zu vermeiden. Die Fragestellung kann durch wenige Sätze klargelegt werden. Der Anschluß an frühere Behandlungen des Themas ist durch Hinweis auf die letzten Literaturzusammenstellungen (in Monographien, ,,Ergebnissen", Handbüchern) herzustellen.
3. Der Weg, auf dem die Resultate gewonnen wurden, muß klar erkennbar sein; jedoch hat eine ausführliche Darstellung der Methodik nur dann Wert, wenn sie wesentlich Neues enthält.
4. Jeder Arbeit ist eine kurze Zusammenstellung (höchstens 1 Seite) der wesentlichen Ergebnisse anzufügen.
5. Von jeder Versuchsart bzw. jedem Tatsachenbestand ist in der Regel nur *ein* Protokoll im Telegrammstil als Beispiel in knappster Form mitzuteilen. Das übrige Beweismaterial kann im Text oder, wenn dies nicht zu umgehen ist, in Tabellenform gebracht werden; dabei müssen aber zu umfangreiche tabellarische Zusammenstellungen unbedingt vermieden werden[1].
6. Die Abbildungen sind auf das Notwendigste zu beschränken. Entscheidend für die Frage, ob Bild oder Text, ist im Zweifelsfall die Platzersparnis. Kurze, aber erschöpfende Figurenunterschrift erübrigt nochmalige Beschreibung im Text. Für jede Versuchsart, jedes Präparat ist nur *ein* gleichartiges Bild, Kurve u. ä. zulässig. Unzulässig ist im allgemeinen die *doppelte* Darstellung in Tabelle *und* Kurve. *Farbige* Bilder können nur in seltenen Ausnahmefällen Aufnahme finden, auch wenn sie wichtig sind. Didaktische Gesichtspunkte bleiben hierbei außer Betracht, da die Aufsätze in den Archiven nicht von Anfängern gelesen werden.
7. Die Beschreibung von Methodik, Protokollen und anderen weniger wichtigen Teilen ist für *Kleindruck* vorzumerken. Die Lesbarkeit des Wesentlichen wird hierdurch gehoben.
8. Das Zerlegen einer Arbeit in mehrere Mitteilungen zwecks Erweckung des Anscheins größerer Kürze ist unzulässig.
9. Doppeltitel sind aus bibliographischen Gründen unerwünscht. Das gilt insbesondere, wenn die Autoren in Ober- und Untertitel einer Arbeit nicht die gleichen sind.
10. An *Dissertationen,* soweit deren Aufnahme überhaupt zulässig erscheint, werden nach Form und Inhalt dieselben Anforderungen gestellt wie an andere Arbeiten. Danksagungen an Institutsleiter, Dozenten usw. werden nicht abgedruckt. Zulässig hingegen sind einzeilige Fußnoten mit der Mitteilung, wer die Arbeit angeregt und geleitet oder wer die Mittel dazu gegeben hat. *Festschriften* und *Monographien* gehören nicht in den Rahmen einer Zeitschrift.

---

[1] Es wird empfohlen, durch eine Fußnote darauf hinzuweisen, in welchem Institut das gesamte Beweismaterial eingesehen oder angefordert werden kann.

Ergebnisse der Physiologie
biologischen Chemie und experimentellen Pharmakologie

Herausgegeben von

L. Asher	**A. Butenandt**	**L. Lendle**	**H. Rein**
Bern	Berlin-Dahlem	Münster i. W.	Göttingen

Zuletzt erschien: **Vierzigster Band**

Mit 176 Abbildungen. III, 573 Seiten. 1938. RM 68.—

Untersuchungen über die Atmung und den Gasstoffwechsel, insbesondere bei Sauerstoffmangel und Unterdruck, mit fortlaufend unmittelbar aufzeichnenden Methoden. Von Dr. Th. Benzinger.

Physiologie und Pharmakologie des Expektorationsvorganges. Von Dozent Dr. T. Gordonoff.

Gewebeplastizität, Hormone und Geschlecht. Von Professor Dr. Wera Dantschakoff.

Intermediary Carbohydrate Metabolism. Von Professor Dr. C. N. H. Long and Dr. A. White.

Die Permeabilität der Zelle. Von Dr. W. Wilbrandt.

Die antirachitischen Vitamine. Von Dozent Dr. H. Brockmann.

Arbeitsphysiologie, I. Teil. Von Professor Dr. E. Atzler.

Die Physiologie des Tonus der Hohlmuskeln, vornehmlich der Bewegungsmuskulatur „hohlorganartiger" wirbelloser Tiere. Von Professor Dr. H. J. Jordan.

Namen- und Sachverzeichnis. — Inhalt der Bände 31—40.

Früher erschien: **Neununddreißigster Band**

Mit 68 Abbildungen. III, 533 Seiten. 1937. RM 66.—

Ivan Petrowitsch Pawlow. Von Professor Dr. W. N. Boldyreff.

Über die Intermediärvorgänge der enzymatischen Kohlehydratspaltung. Von Professor Dr. O. Meyerhof.

Biologische Aktivierung, Übertragung und endgültige Oxydation des Wasserstoffes. (Fakta und Gesichtspunkte.) Von Prof. Dr. T. Thunberg.

Die Carotinoide im tierischen Stoffwechsel. Von Prof. Dr. L. Zechmeister.

Neuere Ergebnisse auf dem Gebiete oestrogener Wirkstoffe (Follikelhormone). Von Dr. J. Schmidt-Thomé.

Das Aneurin (Vitamin B_1). Von Dr. R. Grewe.

Isolation and Properties of Virus Proteins. Von Dr. W. M. Stanley.

Das Herzminutenvolumen. Von Dr. E. H. Christensen.

Hans Hartmann †. Von Professor Dr. A. von Muralt.

Über die Grundlagen der Differenzphotometrie und ihre Anwendung zur Bestimmung geringer Kohlenoxydmengen im Blut. Von Dr. H. Hartmann †.

Alveolarluft. Von Dr. W. Schoedel.

Namen- und Sachverzeichnis. — Inhalt der Bände 31—39.

VERLAG VON J. F. BERGMANN IN MÜNCHEN

Verlag von Julius Springer in Berlin. — Druck der Universitätsdruckerei H. Stürtz A.G., Würzburg.

L e b e n s l a u f .

Am 26.August 1909 wurde ich als Tochter des Volks-
schullehrers Albert W i e c h e r t und seiner Ehe-
frau Maria geb. W e s t zu Königsberg(Pr) geboren.
Von Ostern 1916 bis Herbst 1925 besuchte ich das
Bismarck-Lyzeum zu Königsberg und von Ostern 1926
bis Ostern 1929 das Goethe-Oberlyzeum zu Königsberg,
wo ich im März 1929 meine Reifeprüfung bestand. Vom
Sommersemester 1929 bis zum Sommersemester 1934 stu-
dierte ich an der Albertus-Universität zu Königsberg
Naturwissenschaften. Vorlesungen hörte ich bvor allem
bei den Herren Professoren K o e h l e r , S e i d e l,
M e z , M o t h e s , P a n e t h , S c h w a r z und
S c h l o s s m a c h e r . Seit Sommersemester 1933
beschäftigte ich mich mit Untersuchungen über die
optische Orientierung der Honigbiene, die ich unter
Leitung von Herrn Professor Dr. O. K o e h l e r im
Zoologischen Institut der Albertus-Universität aus-
führte. Im Mai 1936 legte ich die Staatsprüfung für
das höhere Lehramt ab.

MIX
Papier aus verantwortungsvollen Quellen
Paper from responsible sources
FSC® C105338

If you have any concerns about our products,
you can contact us on
ProductSafety@springernature.com

In case Publisher is established outside the EU,
the EU authorized representative is:
**Springer Nature Customer Service Center GmbH
Europaplatz 3, 69115 Heidelberg, Germany**

Printed by Libri Plureos GmbH
in Hamburg, Germany